U0324406

每天不重样，你好早餐！

王其胜◎编著

黑龙江科学技术出版社

图书在版编目（CIP）数据

每天不重样，你好早餐！/王其胜编著. -- 哈尔滨：黑龙江科学技术出版社，2018.9
ISBN 978-7-5388-9836-1

Ⅰ.①每… Ⅱ.①王… Ⅲ.①食谱 Ⅳ.①TS972.12

中国版本图书馆CIP数据核字（2018）第167441号

每天不重样，你好早餐！
MEITIAN BU CHONGYANG NIHAO ZAOCAN

作　　者　王其胜
项目总监　薛方闻
责任编辑　回　博
封面设计　何　琳
图书策划　日知图书（www.rzbook.com）
出　　版　黑龙江科学技术出版社
　　　　　地址：哈尔滨市南岗区公安街70-2号　邮编：150007
　　　　　电话：（0451）53642106　传真：（0451）53642143
　　　　　网址：www.lkcbs.cn
发　　行　全国新华书店
印　　刷　北京天宇万达印刷有限公司
开　　本　710 mm × 1000 mm　1/16
印　　张　12
字　　数　172千字
版　　次　2018年9月第1版
印　　次　2018年9月第1次印刷
书　　号　ISBN 978-7-5388-9836-1
定　　价　39.90元

Food

自序

说起吃早餐，很多回忆突然涌现在脑海。

小时候，早餐是起床的动力，睁开眼睛，满脑袋盘算的都是外婆今天煮了几个茶叶蛋，妈妈熬没熬桂花粥。

上学了，早餐变得焦急，总要等着卖豆腐脑的大叔骑着三轮车从家门口经过，嘹亮的吆喝也总是在肚子饿得咕咕叫时，才迟迟响起。

再长大一些，早餐是每个早晨骑着“二八”自行车潇洒奔驰，嘴里叼着随手拿的一根油条，身后是妈妈“小心喝风！”的唠叨。

再后来，早餐就是妻子体现贤惠的重要环节，每天都能呈现不一样的早餐，让我觉得娶对了人。

早餐对我而言，不单单是一顿饭，而是回忆和幸福的交织。正如一个老友所说：“吃早点，吃的不是饭而是感觉。”我喜欢这种感觉，因为它能让人在快节奏中静下来，在那短短的十分钟里体会到真正的“生活”。

现在，人们尤其是年轻人，生活节奏快，便觉得活得太累。忙着忙着就忘了如何生活，而只是疲惫地活着。我希望通过这本书能让更多人重新重视早餐，不仅仅是为了健康，更为了找回早餐带给人的那份愉悦，这也是我写这本书的初衷。

为了能让读者变着花样给自己和家人调制一顿丰盛的早餐，我介绍了多款可以在早上亲手制作的早餐，粥、馒头、花卷、面条、米饭、馄饨、包子、饺子，甚至面包、蛋糕，我把能想到的一切适合在早上吃的美味都尽可能地提供给读者，只希望能让更多人体会到吃早餐的美好。

我相信，吃早餐可以提高幸福感，变着花样好好吃早餐，可以让生活变得更加美好。

王其胜

Good Morning

★★★

幸福从早餐开始

清晨的阳光照在洁白的餐桌上，爸爸喝着牛奶看着报纸，旁边梳着马尾辫的小宝宝手里攥着面包，正在不安分地往爸爸腿上爬，系着围裙的妈妈端着一盘精致的小包子走出厨房，看着吃早餐的爷俩微微一笑。这是多少人梦想中的清晨场景，可惜却只能在电影上看到这个美好的桥段。从什么时候开始，我们竟变得连好好吃一顿早餐的时间都没有了呢?

每天早上，拿着在马路边买来的油汪汪的鸡蛋灌饼，一边吃还要一边连跑带颠地追挤公交车；抑或是从进入办公室的一刻就开始忙碌，不知不觉忘了吃早餐这回事儿。这就是我们想要的生活吗？当好好吃早餐竟成了一种奢侈时，我们是否该反思一下，这样的生活是否出了问题?

或许有人会说，早餐是给家庭主妇和退休养老的人准备的，大家都这么忙，哪儿有时间顾及这样的小事。这真是个大错特错的想法！早餐是属于每一个人的，不仅不能忽略，更应比午餐、晚餐的任何一顿都要吃得认真，吃早餐绝不是小事!

不吃早餐，会导致沉睡一夜的身体机能得不到及时的能量补充，易使人产生没有精神、头晕等症状，这样的状态不仅不能够满足整个上午的工作和学习，而且早餐中缺失的营养，在午餐中也很难补充回来，长此以往会给身体带来诸多不利。据科学调查显示，长期不吃早餐的人患有肥胖、便秘、胃病等疾病的概率远远高于正常吃早餐的人。

其实，不好好吃早餐到底有多大危害并不需要用太多笔墨来描述，这就像是不用花大量篇幅来说明人为何要吃饭一样。每个人都或多或少地知道吃早餐的必要性，却往往只停留在口头和书面，日复一日，年复一年，人们每天打着“太忙”的旗号犯着相同的错误。对于吃早餐这件事来说，“没时间”真的是个欺骗自己的借口。亦舒曾经说：“一个人走不开，不过因为他不想走开；一个人失约，乃因他不想赴约。”约会与吃早餐一样，时间挤挤总会有的，区别只在于你是否觉得值得。因为“不值”而错过的约会不会再来，因为“不值”错过的健康亦是如此。更何况，早餐真的值得你为了它少睡20分钟！一顿安静、从容、美味的早餐，可以改变人一整天的状态和心境，更能给你健康的好身体。

从今天开始好好吃早餐，告诉自己的身体，我会好好爱你。

Good Morning，幸福从早餐开始……

目录 CONTENTS

PART 1 一碗热粥，暖胃又暖心

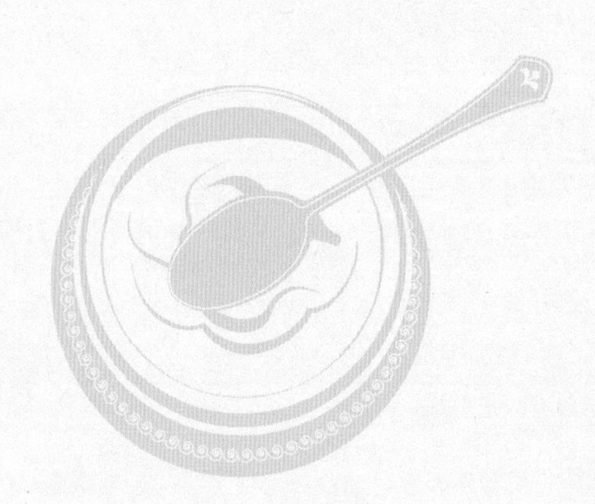

PART 2 舒坦不过一碗面

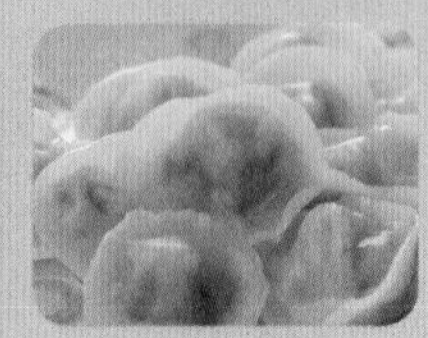

PART 3 馒头花卷搭什么都好吃

C O N T E N T S

PART 4 一张薄皮儿，满满馅儿

PART 5 翻滚吧，炒饭

C O N T E N T S

PART 6 洋式儿早餐，这个可以有

salt
pepper
yogurt
dill
green onion
parsley

PART 1

Porridge

一碗热粥，暖胃又暖心

孤独的时候为自己煮上一碗热粥，一边喝粥一边看着窗外的灯火阑珊，胃暖了，心便也暖了。

材　料

西蓝花适量，香菇、草菇各2朵，胡萝卜1/2根，大米200克；鸡汤800毫升，盐、胡椒粉、香油、味精、白糖各适量。

田园时蔬粥

贴心小提示
Intimate tips

西蓝花对杀死导致胃癌的幽门螺杆菌具有神奇功效。它还是很好的血管清理剂，防止血小板凝结，因而可减少患心脏病与脑卒中的风险。

做　法

1 将蔬菜洗净，均用沸水焯一下；西蓝花掰成小朵，香菇、草菇、胡萝卜分别切成小丁；大米洗净后用清水浸泡1小时。

2 锅置火上，放入鸡汤与大米，大火煮沸，加入香菇丁、草菇丁与胡萝卜丁，煮沸后小火熬至黏稠，加入西蓝花、盐、胡椒粉、白糖，中火煮沸后，放入味精与香油调味即可。

芹菜香菇粥

材 料

芹菜50克，水发香菇2朵，大米100克；植物油、盐、味精各适量。

做 法

1 芹菜择洗干净，切小丁；水发香菇洗净，去蒂，切小丁；大米淘洗干净。
2 锅置火上，倒入适量清水，放入大米，大火煮沸后转小火，熬煮30分钟。
3 取炒锅置火上，倒入植物油烧至六成热后放入芹菜丁、香菇丁翻炒出香味后，加入大米粥中，继续煮10分钟，放盐、味精调味即可。

贴心小提示
Intimate tips

经常食用芹菜可辅助治疗高血压、降低胆固醇，对原发性高血压及更年期高血压均有效。

银耳高粱粥

材 料

高粱米50克，银耳20克，红枣40克；冰糖适量。

做 法

1 高粱米淘洗干净，浸泡2小时；银耳泡发，去蒂，洗净，撕成小朵；红枣洗净备用。
2 锅置火上，倒入适量清水煮沸，放入高粱米再煮沸，放入银耳、红枣，改小火煮至高粱米开花熟透，放冰糖煮至化开即可。

赤豆山药粥

材 料

赤豆40克，糯米20克，山药30克；白糖适量。

做 法

1 赤豆、糯米分别洗净，用清水浸泡2小时；山药洗净，去皮，切成片。
2 锅置火上，倒入适量清水煮沸后放入赤豆、糯米，中火煮成粥。
3 待赤豆开花时放入山药片，中火煮至山药片软烂，调入白糖即可。

薏米赤豆粥

材 料

薏米30克，赤豆20克，大米10克；桂花、冰糖各适量。

做 法

1 薏米、赤豆、大米分别淘洗干净，薏米、赤豆分别用清水浸泡2小时，大米入清水浸泡30分钟。

2 锅置火上，倒入适量清水烧沸，放入薏米、赤豆煮沸10分钟后加入大米同熬成粥，加入冰糖、桂花调味即可。

菠菜银耳粥

材 料

银耳15克，菠菜、大米各50克；盐、味精各适量。

做 法

1 菠菜洗净，放入沸水中焯烫，捞出沥干后切碎；银耳泡发后，洗净，撕成小朵；大米淘洗干净。

2 锅置火上，倒入适量清水烧沸，放入大米煮沸，放入银耳，小火煮至八成熟，加入菠菜碎、盐、味精煮至黏稠即可。

材 料

大麦50克，玉米碎粒30克，花生仁适量，话梅适量；冰糖适量。

大麦玉米碎粥

贴心小提示
Intimate tips

玉米中含有大量的营养物质，所含的谷胱甘肽是抗癌因子。玉米中含有的多种维生素等营养物质对预防心脏病、癌症等疾病有很大的作用。

做 法

1 大麦洗净，用清水浸泡2小时；玉米碎粒洗净，用清水浸泡30分钟；花生仁洗净；话梅去核，切末。

2 锅置火上，放入清水与大麦，大火煮沸，改小火煮40分钟，放入玉米碎粒、花生仁，再煮沸后改小火，煮到大麦开花黏稠后放冰糖，再煮10分钟，最后撒上话梅末继续煮5分钟即可。

核桃果干紫米粥

材 料

核桃仁、葡萄干各10克，紫糯米80克；冰糖、蜂蜜各适量。

做 法

1 核桃仁切碎，葡萄干洗净；紫糯米洗净后用清水浸泡2小时。
2 锅置火上，放入清水与紫糯米大火煮沸，改小火熬煮至黏稠，加入葡萄干、冰糖继续熬煮15分钟。
3 把熬好的粥凉凉，撒入核桃碎，加入蜂蜜拌匀即可。

银耳莲子糯米粥

材 料

莲子10粒，银耳1朵，红枣8颗，枸杞子10粒，圆糯米200克；冰糖适量。

做 法

1 莲子、圆糯米分别洗净，用清水浸泡2小时；银耳洗净泡发，撕成碎片；红枣、枸杞子洗净。
2 锅置火上，放入适量清水与莲子、圆糯米、银耳，大火煮沸后转成小火，慢慢熬煮至汤汁黏稠，放入冰糖、红枣熬煮20分钟。
3 待粥煮至黏稠，撒入枸杞子略煮即可。

绿豆百合薏米粥

材 料

薏米50克，绿豆60克，百合10克；红糖适量。

做 法

1 百合用清水洗净，泡发；绿豆、薏米分别洗净，用清水浸泡2小时。

2 锅内放入清水、绿豆、薏米，中火熬煮40分钟，放入百合、红糖，煮熟即可。

赤豆山药糯米粥

材 料

糯米50克，赤豆、山药块各100克；白糖适量。

做 法

1 赤豆、糯米分别洗净，用清水浸泡2小时。

2 锅内倒入清水煮沸，放入赤豆、糯米，转小火煮烂后，放入山药块，煮至山药软烂，加入白糖调味即可。

芝麻花生粥

材 料

黑芝麻20克，花生仁30克，糯米60克；蜂蜜适量。

做 法

1 将花生仁洗净，沥干，用粉碎机打成末；糯米淘洗干净，用清水浸泡2小时，备用。

2 锅置火上，倒入适量清水烧沸后，放入糯米煮沸，改小火熬成粥，再放入花生末、黑芝麻同煮至黏稠，加入蜂蜜调味即可。

贴心小提示
Intimate tips

芝麻具有养血的功效，可以改善皮肤干枯、粗糙的问题，令皮肤细腻光滑、红润光泽；芝麻还有抗关节炎的功效，对神经系统也有益，还可帮助消化、加快血液循环。芝麻油可做优质按摩油；黑芝麻具有滋养肝肾、护肤瘦身的功效，还能够使头发变黑。

糯米黑豆粥

材 料

糯米60克，黑豆50克，黑芝麻10克；红糖适量。

做 法

1 糯米、黑豆分别淘洗干净，用清水浸泡3小时。
2 锅置火上，放入清水、糯米、黑豆，大火烧沸后转小火煮40分钟至黏稠，加入适量红糖调味，撒上黑芝麻拌匀即可。

燕麦南瓜粥

材 料

燕麦30克，大米20克，小南瓜1个；葱花、盐各适量。

做 法

1 燕麦、大米分别洗净，备用；南瓜洗净，削皮，切成小块。
2 锅置火上，倒入适量清水煮沸，放入大米，大火煮沸后转小火煮20分钟，然后放入南瓜块，小火煮10分钟后，加入燕麦煮至粥熟，加入盐、葱花调味即可。

核桃芝麻粥

材　料

核桃仁30克，黑芝麻10克，大米50克；冰糖适量。

做　法

1 核桃仁压碎备用；大米淘洗干净。

2 锅置火上，倒入适量清水煮沸，放入大米，大火煮沸后转小火熬煮30分钟，加入核桃碎、黑芝麻，大火煮沸后加入冰糖煮至溶化即可。

栗子牛腩粥

材　料

大米50克，牛腩100克，栗子80克；酱油、冰糖、料酒、蒜瓣、盐、香油、香料包（山柰、丁香、花椒、玉桂、大料）、香菜末各适量。

做　法

1 大米淘洗干净；牛腩洗净后放入锅中加入清水、香料包、酱油、冰糖、料酒、蒜瓣，置火上炖3小时后取出牛腩凉凉，切成片备用；栗子洗净，蒸熟，去壳备用。

2 锅置火上，倒入适量清水煮沸，放入大米煮至黏稠，放入栗子与牛腩片，加入盐、香油调味；稍煮一下后拣出香料包，撒入香菜末即可。

冰糖大枣粥

材　料

糯米60克，红枣适量；冰糖适量。

做　法

1 红枣去核，洗净；糯米洗净，用清水浸泡1小时。

2 将糯米、红枣与适量清水一同放入锅中，大火煮沸后转小火熬煮30分钟至黏稠，加入冰糖煮至冰糖溶化即可。

牛奶薏米果仁粥

材　料

核桃仁、松仁、葡萄干各适量，薏米50克，牛奶500毫升；冰糖、蜂蜜、炼乳各适量。

做　法

1 葡萄干洗净；薏米洗净后用清水浸泡2小时；核桃仁与松仁去皮后洗净。

2 锅置火上，放入清水、薏米，大火煮沸后转小火，熬煮40分钟，加入牛奶与核桃仁、松仁、冰糖，继续煮10分钟，撒上葡萄干，浇上蜂蜜与炼乳即可。

蜜果糯米冰粥

材　料

豌豆、赤豆、绿豆、紫糯米各30克，圆糯米20克，水果罐头（菠萝、西瓜、梨）适量；蜂蜜、冰糖、冰屑各适量。

做　法

1 把豌豆、赤豆、绿豆、紫糯米分别洗净，用清水浸泡2小时。
2 锅置火上，倒入清水与各种豆类，煮熟，凉凉，拌入蜂蜜后，密封放入冰箱24小时。
3 锅内放入清水、圆糯米、紫糯米，煮至黏稠，加入冰糖调味，凉凉后，把冰屑盛在碗中，浇一勺米粥，撒上水果罐头，再淋上豆类即可。

燕麦雪梨糯米粥

材　料

雪梨1个，去核红枣5颗，枸杞子适量，燕麦30克，圆糯米50克；蜂蜜适量。

做　法

1 雪梨洗净，去皮、核，切片；红枣、枸杞子洗净；圆糯米、燕麦洗净，用清水浸泡1小时。
2 锅置火上，放入清水、燕麦、圆糯米，大火煮沸后转小火，慢慢熬煮至黏稠。
3 在粥中放入红枣、枸杞子、梨片，小火熬煮15分钟。
4 把煮好的粥凉凉，浇上适量蜂蜜即可。

玫瑰香粥

材 料

玫瑰花瓣数瓣，大米100克；冰糖、蜂蜜各适量。

做 法

1 玫瑰花瓣用清水洗净，取几瓣细细切碎，剩余的用清水浸泡；大米洗净后用清水浸泡2小时。
2 锅置火上，放入清水与大米，大火煮沸后转小火熬煮30分钟。
3 放入玫瑰花瓣碎、冰糖，小火煮20分钟，撒上其余花瓣，浇入蜂蜜即可。

绿茶冰糯米粥

材 料

绿茶包1袋，玉米粒适量，糯米60克；蜂蜜适量。

做 法

1 糯米洗净，用清水浸泡2小时；玉米粒洗净。
2 锅置火上，放入清水与糯米、玉米粒，大火煮沸后转小火，熬煮至黏稠。
3 放入绿茶包，略煮15分钟，冰镇后浇入蜂蜜即可。

黑芝麻果仁粥

材　料

核桃仁、杏仁、花生仁各15克，熟黑芝麻5克，大米200克；冰糖适量。

做　法

1 将各种果仁洗净，核桃仁与花生仁去皮；大米洗净后，用清水浸泡1小时。
2 锅置火上，放入清水与大米，大火煮沸后转小火，熬煮20分钟，加入核桃仁、杏仁、花生仁、冰糖，小火熬煮30分钟，加入熟黑芝麻点缀即可。

干姜红糖粥

材　料

干姜50克，红枣6颗，大米100克；红糖适量。

做　法

1 干姜洗净，切片；红枣洗净；大米洗净后用清水浸泡30分钟。
2 锅置火上，放入清水、干姜片，大火煮沸后转小火，熬煮20分钟。
3 将大米、红枣放入姜汤中，大火煮沸后转小火煮30分钟，加入红糖调味即可。

榨菜肉片粥

材　料

大米、猪瘦肉各100克，榨菜50克；高汤、姜末、葱末、盐、味精、水淀粉、植物油各适量。

做　法

1 猪瘦肉洗净，切片，用少量水淀粉抓匀，放入沸水中焯烫后捞出，沥干水分；榨菜洗净，切片。
2 大米洗净，与适量清水一同放入锅中，大火煮沸后转小火熬煮至熟。
3 锅置火上，放入植物油烧热，爆香姜末和榨菜片，加入高汤煮沸，放入猪瘦肉片、盐、味精、葱末，熟后倒入粥中，中火煮沸，拌匀即可。

金橘糯米粥

材　料

金橘适量，圆糯米200克，柠檬1/2个；冰糖、蜂蜜各适量。

做　法

1 金橘洗净，对半切开；圆糯米洗净后用清水浸泡1小时。
2 锅置火上，放入清水、圆糯米、金橘，大火煮沸后转小火，慢慢熬煮至黏稠，加入冰糖后煮20分钟。
3 把柠檬挤出汁液，将柠檬汁滴入粥中，浇入蜂蜜搅匀即可。

大麦陈皮粥

材 料

大麦150克，糯米100克，陈皮1片；冰糖适量。

做 法

1 大麦洗净，用清水浸泡1小时；糯米洗净，用清水浸泡4小时；陈皮洗净。
2 锅中倒入适量清水，放入大麦、糯米、陈皮大火煮沸，转中小火煮至米粒黏稠，加入冰糖调味即可。

翠衣海带骨头粥

材 料

鲜海带丝、猪腔骨各50克，大米100克；高汤800毫升，葱花、盐、白糖、味精各适量。

做 法

1 鲜海带丝洗净；猪腔骨洗净，用沸水焯2分钟后捞出；大米洗净，用清水浸泡30分钟。
2 锅置火上，放入高汤与大米，中火煮沸，放入猪腔骨煮沸后转小火，慢慢熬煮至黏稠，放入海带丝、盐，煮20分钟，加入白糖、味精调味，撒入葱花即可。

双米银耳粥

材 料

大米、小米、水发银耳各20克。

做 法

1 大米和小米洗净；水发银耳择洗干净，撕成小朵。
2 锅内放水，加入大米、小米，大火煮沸，放入银耳，转中火慢煮1小时，至银耳软糯即可。

贴心小提示
Intimate tips

银耳能提高肝脏解毒能力、滋补生津、润肺养胃。常喝此粥能缓解口腔炎症，补脾和胃、清肺健体。

桂圆鸡丁紫米粥

材 料

鸡胸脯肉50克，紫糯米100克，桂圆适量；鸡高汤800毫升，盐、味精、白糖各适量。

做 法

1 桂圆剥皮，洗净；鸡胸脯肉洗净，切丁；紫糯米洗净，用清水浸泡2小时。
2 锅置火上，放入鸡高汤与紫糯米，大火煮沸后转小火。
3 放入桂圆，小火熬煮30分钟。
4 放入鸡肉丁、盐、白糖，熬煮20分钟，加入味精调味即可。

贴心小提示
Intimate tips

桂圆含有丰富的葡萄糖、蔗糖、蛋白质、铁，可提高热能、补充营养，并能促进血红蛋白再生。

蜂蜜菊花糯米粥

材 料

茶菊花2朵，枸杞子10粒，圆糯米200克；蜂蜜、柠檬皮碎屑各适量。

做 法

1 茶菊花、枸杞子洗净；圆糯米洗净，用清水浸泡2小时。

2 锅置火上，放入清水与圆糯米，大火煮沸后转小火，慢慢熬煮40分钟，加入茶菊花，熬煮20分钟后加入枸杞子煮5分钟。把粥凉凉后放入蜂蜜调味，撒入柠檬皮碎屑即可。

荷香果仁糯米粥

材 料

鲜荷叶1/2张，黄豆、绿豆、赤豆、花生仁各30克，圆糯米100克；红糖适量。

做 法

1 鲜荷叶洗净，切成小片；豆类洗净后用清水浸泡4小时；花生仁洗净后用电饭锅煮2小时。

2 锅置火上，放入清水，加入圆糯米、赤豆、绿豆、黄豆，大火煮沸后转小火，加入花生仁、荷叶片，小火熬煮至黏稠，加入红糖调味即可。

木瓜生姜蜂蜜粥

材 料

木瓜10克，大米100克，生姜片适量；蜂蜜适量。

做 法

1 木瓜洗净，去子，切成片，装入布袋中；大米洗净备用。
2 将大米、生姜片、木瓜袋一起放入锅中，加入适量清水，煮至黏稠，取出木瓜袋，加入蜂蜜调匀即可。

韭菜虾仁粥

材 料

韭菜30克，虾仁5个，大米100克；鸡汤800毫升，盐、味精、白糖各适量。

做 法

1 韭菜洗净，用沸水焯一下，捞出过凉水后，切小段；虾仁洗净，去掉沙线后用沸水汆一下，切碎；大米洗净，用清水浸泡30分钟。
2 锅置火上，放入鸡汤和大米，大火煮沸后转小火，熬煮至黏稠。
3 把虾仁碎放入粥中，略煮片刻后加入韭菜段、盐，煮5分钟，加入味精、白糖调味即可。

清凉瘦肉粥

材 料

猪瘦肉250克，薏米、山药片、大枣各10克，莲子、百合、玉竹、芡实各5克；盐适量。

做 法

1 猪瘦肉洗净，放入沸水中煮5分钟，取出切片；其余材料洗净备用。

2 把适量清水烧沸，放入全部材料煮 3 小时，加入盐调味即可。

香芋排骨粥

材 料

新鲜芋头1个，排骨50克，大米100克；高汤100毫升，盐、植物油、味精、葱花各适量。

做 法

1 排骨洗净后用沸水汆一下；大米洗净；新鲜芋头去皮，洗净，切块，用八成热的植物油过一遍，沥干油分。

2 锅内放入高汤、排骨，大火煮沸后转小火熬煮1小时，加入大米煮沸，转小火熬煮20分钟。

3 将芋头块、盐放入粥中，小火煮10分钟，加入味精、葱花调味即可。

双瓜粥

材 料

黄瓜、冬瓜各100克，糯米50克，姜丝、枸杞子各适量；盐适量。

做 法

1 黄瓜洗净，去皮，切成薄片；冬瓜洗净，去皮、瓤，切薄片；糯米洗净，用清水浸泡1小时。

2 锅置火上，倒入适量水，放入糯米、姜丝、枸杞子大火煮沸，转小火熬煮至糯米熟软，放入冬瓜片煮至透明，放入黄瓜片煮沸，加入盐调味即可。

皮蛋瘦肉粥

材 料

皮蛋1个，猪瘦肉50克，大米100克；葱花、盐、味精各适量。

做 法

1 皮蛋剥皮，切丁；猪瘦肉洗净后切丁，用盐腌渍30分钟；大米洗净。

2 锅置火上，倒入适量水，放入大米，大火煮沸后转小火煮20分钟。

3 加入猪肉丁、皮蛋丁、盐煮沸，转小火煮20分钟，加入味精、葱花调味即可。

豆苗腰片粥

材　料

鲜猪腰2个，大米150克，干贝5粒，豌豆苗250克；葱段、姜片、盐、料酒、植物油各适量。

做　法

1 猪腰去外膜，剖开，去掉腰臊，洗净，切片；豌豆苗洗净，切小段；大米淘洗干净。
2 猪腰片放入碗中，加入葱段、姜片、盐、料酒和植物油拌匀，腌渍片刻；干贝用清水泡松，捻成细蓉。
3 锅内放入大米、干贝蓉、清水，中火煮至黏稠，放入猪腰片煮熟，放入豌豆苗，调好味即可。

高粱羊肉粥

材　料

高粱米60克，羊肉50克；姜末、葱花、盐各适量。

做　法

1 高粱米洗净，放入清水中浸泡2小时；羊肉洗净，切成小丁。
2 锅置火上，加入适量清水煮沸，将高粱米放入锅中煮熟成粥。
3 在高粱粥中加入羊肉丁、盐、姜末，一起煮至高粱米开花，撒上葱花即可。

贴心小提示
Intimate tips

芡实宜用慢火炖煮至烂熟，食用时细嚼慢咽，一次不要吃太多。芡实宜与莲子、山药、白扁豆一同食用。

玉米芡实山药粥

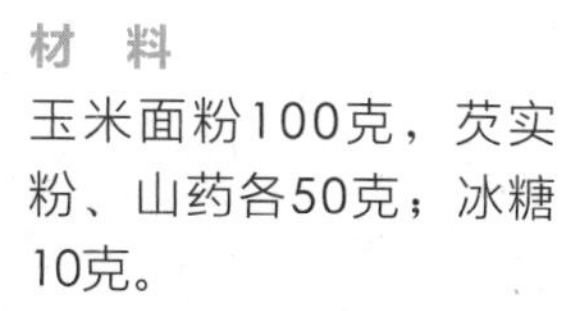

材 料

玉米面粉100克，芡实粉、山药各50克；冰糖10克。

做 法

1 山药洗净，上笼蒸熟后，去皮，切成小丁。
2 玉米面粉、芡实粉用沸水搅匀，制成面糊。
3 锅中加入适量清水，大火煮沸，慢慢倒入混合好的面糊，转小火熬煮10分钟。
4 将山药丁放入锅中，与面糊混合，搅匀，同煮成粥，加入冰糖调味即可。

菠菜太极粥

材 料

菠菜汁30毫升，大米60克；盐适量。

做 法

1 大米淘洗干净，放入锅内加入适量清水，大火煮沸后转小火，加盐熬煮30分钟至黏稠；将煮熟的粥分为两份，其中一份加入菠菜汁调匀备用。

2 在碗中放上S型隔板，将两份备好的粥分别倒入隔板两侧，待粥稍凝结的时候便可以去除隔板。在菠菜粥的2/3处点一小匙白粥，在白粥的1/3处点一小匙菠菜粥即可。

杂豆粥

材 料

芸豆、赤豆、豌豆、黑豆、黄豆各适量，大米50克。

做 法

1 芸豆、赤豆、豌豆、黑豆、黄豆分别洗净，用清水浸泡2小时；大米洗净。

2 锅置火上，倒入适量清水煮沸，放入芸豆、赤豆、豌豆、黑豆、黄豆煮沸，转小火煮至豆熟备用。

3 大米放入沸水中煮沸，转小火煮至大米将熟时放入五种豆子，煮熟即可。

海松子鸽蛋粥

材　料

海松子50克，香菇1朵，鸽蛋2个，水发黑木耳1朵，菜心30克，大米200克；鸡汤100毫升，盐、胡椒粉、味精各适量。

做　法

1 香菇洗净，切片；黑木耳洗净，撕成片；菜心洗净，掰成块；用沸水将香菇、黑木耳、菜心分别焯一下；海松子择洗干净；大米洗净后用清水浸泡30分钟；鸽蛋煮熟，去壳。

2 锅内放入鸡汤、大米、清水，大火煮沸后转小火，加入海松子煮40分钟，加入香菇、黑木耳、菜心、鸽蛋、盐、胡椒粉，中火煮沸后转小火煮熟，加入味精调味即可。

玉竹滋润鸡粥

材　料

鸡胸脯肉50克，玉竹10克，枸杞子10粒，大米70克；鸡汤500毫升，盐、淀粉、白糖、味精各适量。

做　法

1 玉竹用凉水浸泡后沥水，切小段；大米洗净后用清水浸泡30分钟。

2 鸡胸脯肉洗净，切片，用淀粉拌匀后，在沸水中焯一下；枸杞子洗净。

3 锅置火上，放入鸡汤、大米，大火煮沸后转小火，加入玉竹段熬煮40分钟，再加入鸡肉片、枸杞子、盐、白糖煮10分钟，加入味精调味即可。

绿豆薄荷粥

材 料

绿豆30克，薄荷10克，大米100克。

做 法

1 薄荷择洗干净，切碎，放入砂锅内，加入清水煎煮20分钟，滤渣取汁；大米洗净，用清水浸泡30分钟备用。

2 绿豆洗净，放入砂锅中，加入适量清水，大火煮沸后转小火煨煮30分钟，加入大米，大火煮沸后转小火煮至绿豆、大米熟烂。

3 放入备好的薄荷汁，搅拌均匀即可。

鱼肉枸杞粥

材 料

黄花鱼1条，枸杞子10粒，圆糯米70克；盐、姜丝、葱丝、生抽、味精、植物油各适量。

做 法

1 枸杞子洗净；圆糯米洗净后用清水浸泡1小时。

2 黄花鱼处理干净，用盐腌渍后在锅中将两面煎黄，取出鱼骨，鱼肉用生抽腌渍10分钟，剁成鱼肉末。

3 锅置火上，放入清水、鱼骨，大火煮沸后转中火炖至汤白，加入圆糯米熬煮至黏稠，加入鱼肉末、枸杞子以及其余调料，中火煮沸即可。

山药肉丝粥

材 料

山药100克，大米60克，干香菇30克，猪瘦肉50克；盐、胡椒粉、植物油各适量。

做 法

1 大米洗净，用清水浸泡1小时；香菇泡软洗净，去蒂，切丝；猪瘦肉洗净，切丝；山药去皮，洗净，切丁。
2 锅置火上，倒入植物油烧热，炒香山药后加入肉丝、香菇丝炒熟，盛起备用。
3 锅置火上，倒入适量清水煮沸，放入大米煮成粥，加入炒好的山药、香菇、肉丝搅匀，加入盐、胡椒粉煮沸即可。

冬瓜夹肉粥

材 料

火腿、冬瓜、大米各50克；高汤200毫升，蒜蓉、香菜、盐、味精各适量。

做 法

1 火腿洗净切片；冬瓜洗净，去皮切厚片；大米洗净，用清水浸泡30分钟。
2 在冬瓜片中间切一刀，形成冬瓜夹，把火腿片夹在冬瓜夹中，撒入蒜蓉、盐，蒸15分钟。
3 锅置火上，放入高汤、大米煮成粥，再加入蒸好的冬瓜夹、味精，煮5分钟，撒上香菜即可。

salt
pepper
yogurt
dill
green onion
parsley

PART 2

Noodle

舒坦不过一碗面

每人心中都有一碗好面，或粗犷豪迈，或清新雅致。爱它的千变万化，更爱它的根根好味道。

什锦鸡蛋面

材 料

鸡蛋面150克，虾仁50克，草菇20克，胡萝卜1根，油菜心10克，鸡蛋1个；植物油、清汤、葱末、姜末、盐、料酒、味精、胡椒粉各适量。

做 法

1 虾仁去除沙线，洗净；草菇洗净，切成两半；胡萝卜洗净，切片；油菜心洗净。将以上材料分别焯透，捞出备用。
2 锅内倒入清水，煮沸后放入鸡蛋面，煮8分钟后捞出装入面碗备用。
3 锅内倒入植物油烧热，打入鸡蛋，煎至一面定型后，放入葱末、姜末炝锅，滴入料酒。
4 倒入清汤和焯烫好的虾仁、草菇、胡萝卜片、油菜心及剩余调味料，汤沸后再煮2分钟，倒入面碗中即可。

贴心小提示
Intimate tips

煎蛋时火力不宜太旺，只把一面煎熟即可，再煮至全熟，质感非常鲜嫩。这碗面色泽丰满、艳丽，材料丰富，鲜香软嫩。

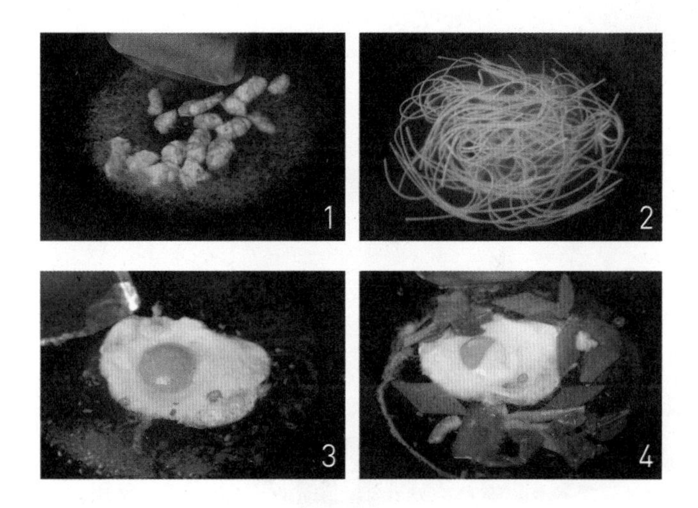

牛排骨汤面

材 料

面条200克，牛排骨500克，白萝卜300克，油菜适量；葱末、蒜末、香油、盐各适量。

做 法

1 牛排骨洗净，剁成块，放入沸水中稍烫一下。
2 油菜洗净；白萝卜洗净，切块。
3 锅置火上，放入牛排骨和适量清水，大火煮沸后转小火熬至牛排骨酥烂。
4 将面条放入牛排骨汤中煮熟，放入油菜、白萝卜块稍煮片刻，加入葱末、蒜末、盐，淋入香油即可。

香菇鸡煨面

材 料

面条300克，鸡腿1只，香菇、油菜各适量；鸡高汤、盐、香油、葱末各适量。

做 法

1 香菇放入温水中泡软，洗净，切丁；油菜洗净；面条放入锅内煮熟，盛入碗中备用。
2 鸡腿洗净，剁成块，焯烫后捞出；将鸡腿块、香菇放入锅中，加入鸡高汤及水，炖至鸡块烂熟。
3 另起锅，放入面条，加入香菇鸡汤、油菜，小火慢煮3分钟，加入盐调味盛出，撒上葱末，淋上香油即可。

贴心小提示
Intimate tips

鸡丝凉面是四川省的传统小吃，历史悠久。鸡丝凉面的特点是多味调和，清爽利口，面条有筋力，它也是夏季消暑佳品。

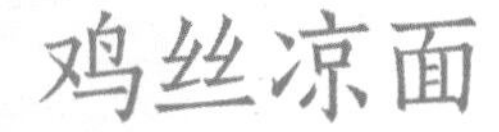

材 料

鸡蛋面400克，鸡胸脯肉100克，洋葱80克，胡萝卜40克，黄瓜30克，鸡蛋1个；熟植物油、盐、酱油、白糖各适量。

1 黄瓜、胡萝卜、洋葱分别洗净，切成细丝；鸡胸脯肉洗净，切丝，焯熟；鸡蛋打散，倒入油锅摊成蛋皮，取出切丝备用。
2 鸡蛋面放入沸水中煮熟捞出，加入熟植物油拌匀入盘，放入胡萝卜丝、黄瓜丝、洋葱丝、蛋皮丝、鸡胸脯肉丝，加入盐、酱油、白糖拌匀即可。

牛肉热汤面

材 料

面条600克，牛肋条3条，小白菜20克；植物油、葱末、蒜末、姜末、盐、白糖、淡色酱油、辣椒酱各适量。

做 法

1 牛肋条洗净，整条放入锅中焯烫，去除血水，捞出，切大块备用。

2 锅内倒植物油烧热，爆香葱末、姜末、蒜末，放入牛肉块及辣椒酱炒透，倒入酱油续炒3分钟，加入清水，小火焖煮90分钟，放入盐、白糖调味。

3 面条煮熟，捞出；小白菜洗净，切成段，放入煮面水中烫熟捞出。

4 碗内加入一些牛肉汤汁，加入适量煮面水将其稍微稀释，盛入面条，上面再铺上牛肉块及小白菜段即可。

贴心小提示
Intimate tips

牛肉在煮的过程中肉汁容易流失，切的块越小越容易流失，所以要切成大块，这样容易保留肉汁；牛肉面的汤汁味道较浓郁，加入少许清汤稀释会更爽口。

干拌麻酱面

材 料

面条150克，小白菜20克；葱末、盐、淡色酱油、芝麻酱、花生酱各适量。

做 法

1 小白菜洗净，切段，备用。
2 锅内倒入清水煮沸，放入面条煮熟捞出；把小白菜段放入煮面水中烫熟。
3 碗内放入盐、淡色酱油和面条，淋上芝麻酱、花生酱和适量凉开水。
4 把小白菜段放在面条上，撒上葱末，拌匀即可。

虾米油菜拌面

材 料

面条500克，猪瘦肉250克，小油菜6棵，虾米适量；植物油、葱段、清汤、盐、酱油、淀粉各适量。

做 法

1 虾米放入温水中泡软；小油菜洗净，切成大段。
2 猪瘦肉洗净，切成较粗的丝，放入酱油、淀粉腌渍15分钟，放入油锅中快炒至肉变色盛出。
3 油锅烧热，爆香葱段、虾米，倒入清汤、小油菜，煮沸后加盐、酱油调味，放入肉丝制成肉汤汁；将面条用沸水煮熟后捞入碗内，淋入肉汤汁即可。

木樨肉炒面

材 料

拉面150克，猪里脊肉80克，油菜50克，黑木耳15克，鸡蛋2个；植物油、葱段、香油、料酒、酱油、胡椒粉各适量。

做 法

1 油菜洗净，焯熟后捞出；黑木耳用清水泡发，洗净，捞出沥干，备用。
2 猪里脊肉洗净，切成小片；鸡蛋打入碗中搅成蛋液备用。
3 锅中倒入清水煮沸，放入面条煮熟捞出，沥干，备用。
4 锅内倒入植物油烧热，倒入蛋液炒散，盛出；爆香葱段，放入肉片、黑木耳及香油、料酒、酱油、胡椒粉炒熟，倒入面条、炒鸡蛋和油菜炒匀，盛盘即可。

贴心小提示
Intimate tips

为了避免面条在炒的过程中粘在一块，将面条煮熟后可用凉开水过凉，或直接用自来水冲凉，这样面条就很容易被炒开了。

1

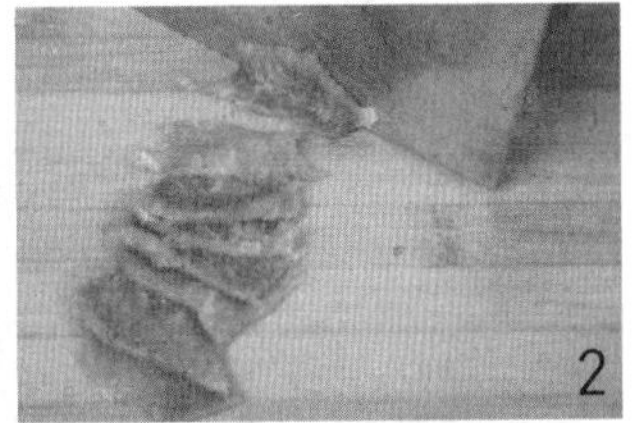
2

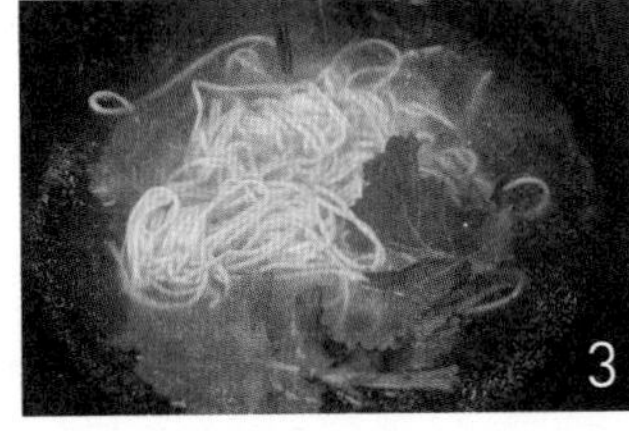
3

4

材 料

家常切面200克，猪瘦肉150克，水发黑木耳50克，胡萝卜丝、黄瓜丝各适量；植物油、葱丝、姜丝、酱油、盐、鸡精、水淀粉、料酒、香油各适量。

肉丝木耳面

做 法

1 猪瘦肉洗净，切丝，放入碗中加入酱油、料酒、水淀粉，腌渍10分钟；锅中加入清水，煮沸后放入切面，煮熟，捞出放入碗内。

2 油锅烧热，爆香葱丝、姜丝，放入肉丝、胡萝卜丝、黑木耳、黄瓜丝炒熟，加入酱油、盐、鸡精调味，淋上香油，出锅倒入面碗中即可。

贴心小提示
Intimate tips

黑木耳是著名的山珍，可食、可药、可补，中国老百姓餐桌上久食不厌，有“素中之荤”之美誉，被称之为“中餐中的黑色瑰宝”。有益气、充饥、轻身强智、止血止痛、补血活血等功效。

雪里蕻鸡丝面

材 料

鸡蛋面200克，鸡胸脯肉60克，雪里蕻50克，胡萝卜1根；植物油、盐、酱油、淀粉、胡椒粉各适量。

做 法

1 雪里蕻洗净，挤干水，切碎末；胡萝卜去皮，洗净，切丝备用。
2 鸡胸脯肉洗净，切丝，放入盐、酱油、淀粉、胡椒粉腌渍15分钟，过油，捞出备用。
3 面条煮熟盛入碗内，铺上雪里蕻末、胡萝卜丝和鸡丝即可。

鱼丸清汤面

材 料

拉面150克，鱼丸50克，鸡蛋1个；清汤1000毫升，植物油、盐、味精、料酒、香菜末、香油、葱、姜各适量。

做 法

1 葱、姜分别洗净，切末；鸡蛋打散成蛋液备用。
2 油锅烧热，倒入蛋液摊成蛋皮，切成蛋丝备用。
3 炒锅内倒入植物油烧热，放入姜末炒香，调入料酒，加入清汤煮沸后，放入拉面、鱼丸，煮10分钟至熟。
4 放入盐、味精、蛋丝、香菜末、葱末，淋入香油，出锅即可。

酸辣三丝面

材　料

挂面200克，猪瘦肉150克，香菇100克，黄瓜1根，青椒、红辣椒各1个；植物油、葱末、姜末、清汤、酱油、料酒、醋、辣椒油、盐、味精、胡椒粉、香油各适量。

做　法

1 猪瘦肉、香菇、黄瓜分别洗净，切丝；青椒、红辣椒分别洗净、去子，切圈备用。

2 锅内倒入植物油烧热，放入肉丝炒熟，再放入葱末、姜末、酱油、料酒，翻炒入味，装碗备用。

3 锅内倒入清水，煮沸后放入挂面煮熟，捞出装入碗内，码好猪肉丝、香菇丝、黄瓜丝。

4 炒锅内倒入清汤，煮沸后放入青椒圈、红辣椒圈，加醋、辣椒油、盐、味精、胡椒粉、香油，调好味后浇到面上即可。

贴心小提示
Intimate tips

酸辣汤汁较为清爽，如果喜欢汤黏稠点的口感，也可直接把面条放在汤里煮；最好现吃现煮。

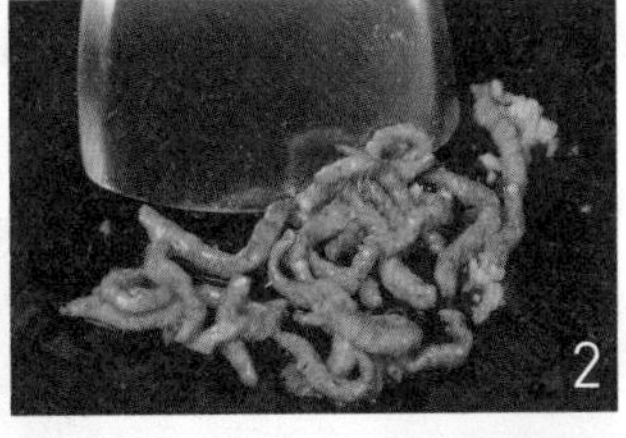

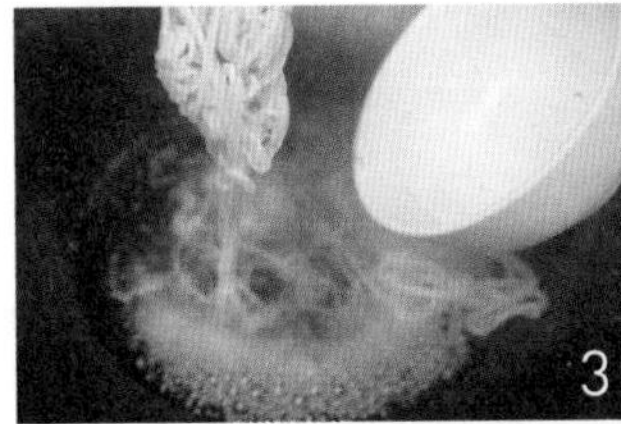

虾仁伊府面

材 料

面条150克，虾仁100克，冬菇片、豌豆各20克，胡萝卜片适量；酱油、料酒、盐、白糖、胡椒粉、植物油各适量。

做 法

1 虾仁去沙线，洗净；豌豆洗净；虾仁、冬菇、豌豆、胡萝卜片放入沸水中焯煮片刻，捞出备用。
2 面条煮熟，冲凉，放入碗中备用。
3 油锅烧热，放入虾仁、冬菇片、胡萝卜片、豌豆、酱油、料酒、盐、白糖、胡椒粉炒熟，倒入面条碗中即可。

傻瓜干拌面

材 料

面条150克；熟猪油、葱末、酱油、辣椒油、醋、胡椒粉、植物油、蒜末各适量。

做 法

1 热锅中倒入适量植物油烧热，放入葱末、蒜末爆香，加入酱油、辣椒油、醋、胡椒粉制成调味汁。
2 锅置火上，加入清水煮沸，放入面条煮熟，捞出过凉，沥干盛入碗中，均匀淋入调味汁。
3 撒上葱末，淋上熟猪油拌匀即可。

日式牛肉乌冬面

材 料

乌冬面150克，牛肉100克，胡萝卜、黄瓜、蘑菇各30克，小油菜10克，鸡蛋1个；酱油、盐各适量。

做 法

1 蔬菜洗净，胡萝卜、黄瓜、蘑菇切丁；将胡萝卜丁、黄瓜丁、蘑菇丁、小油菜放入沸水中焯一下，捞出过凉水备用。
2 牛肉放入锅中，加盐、酱油炖熟，捞出，凉凉，切片备用。将牛肉汤过滤后放入容器内备用。
3 油锅烧热，打入鸡蛋炒散。
4 将过滤好的牛肉汤煮沸，放入乌冬面，快煮熟时加入盐调味。
5 煮熟后，将面条盛入碗中，铺上之前焯熟的蔬菜，放入炒好的鸡蛋，淋上牛肉汤即可。

贴心小提示
Intimate tips

乌冬面是最具日本特色的面条之一，与日本的荞麦面、拉面并称日本三大面条。

担担面

材 料

面条200克，猪肉末400克，芽菜末100克，油菜心1棵；香菜末、葱末、姜末、蒜蓉、辣椒面、芝麻酱、老抽、生抽、料酒、花椒面、猪油、米醋、食用油各适量。

做 法

1 锅置火上，倒入猪油烧热，放入猪肉末炒散，盛出备用。
2 锅洗净，用油热锅，放入葱末、姜末、蒜蓉爆香，再放入辣椒面、芽菜末、炒散的肉末煸炒，加料酒、老抽、生抽、米醋调味，出锅时放入芝麻酱、花椒面炒匀。
3 锅内加入清水煮沸，将面条煮熟，捞入碗中，淋上炒好的酱料。
4 将油菜心焯熟，放入碗中，撒上香菜末即可。

番茄肉酱面

材 料

面条250克，猪肉末150克，番茄1个，韭菜20克；植物油、盐、白糖、酱油、番茄酱、葱末各适量。

做 法

1 韭菜洗净，切段，放入沸水中焯熟；番茄洗净，去皮，切片。
2 锅中倒入植物油，放入猪肉末炒至变色出油，加酱油、番茄酱、番茄片，翻炒均匀，倒入适量清水，小火煮至汤浓，加入盐、白糖，制成番茄肉酱汁。
3 面条放入沸水中煮熟，捞出，放入凉开水中过凉，捞出沥干，浇上番茄肉酱，撒上韭菜段、葱末即可。

干炒面

材 料

面条200克，猪肉丝100克，黄豆芽50克，韭黄30克，洋葱1/2个，红椒15克，鸡蛋1个（取蛋清）；植物油、酱油、盐、鸡精、料酒、葱末、姜末、淀粉各适量。

做 法

1 黄豆芽洗净；韭黄洗净，切段；洋葱、红椒分别洗净，切丝；猪肉丝用蛋清、淀粉、酱油拌匀；面条煮熟。
2 锅中倒入植物油烧热，放入猪肉丝、料酒，炒至八分熟时盛出；余油烧热，炒香姜末、洋葱丝、红椒丝，再放入面条炒至散开，加酱油、盐、鸡精炒匀。
3 放入猪肉丝、黄豆芽、韭黄段大火炒匀，撒上葱末盛盘即可。

咖喱牛肉炒面

材 料

面条200克，牛肉150克，毛豆100克，洋葱30克；植物油、酱油、淀粉、咖喱粉、盐、料酒各适量。

做 法

1 洋葱洗净，切丝；毛豆洗净，放入沸水中焯熟捞出，取出豆仁；牛肉洗净，切片，加入酱油、淀粉腌渍10分钟；面条煮熟，捞出沥干。

2 油锅烧热，放入牛肉片炒至变色，盛出备用；锅中放入咖喱粉炒香，加入洋葱丝炒软，再放入面条、牛肉片、毛豆仁、盐、料酒翻炒至入味即可。

意大利炒面

材 料

意大利面150克，洋葱丝50克，圣女果40克，芹菜丝、青椒丝、红椒丝各适量；植物油、牛肉汤、番茄酱、酱油、白酒、盐、白糖、胡椒粉各适量。

做 法

1 圣女果洗净，切成两半；锅内放入清水煮沸，放入意大利面，煮熟，捞出用植物油拌匀备用。

2 油锅烧热，加入洋葱丝炒出香味，放入番茄酱、酱油、白酒、盐、白糖、胡椒粉和牛肉汤、意大利面，略炒入味，再加入圣女果、芹菜丝、青椒丝、红椒丝炒拌均匀，出锅装盘即可。

韩式肉丁炸酱面

材　料

手擀面150克，猪肉250克，黄瓜、胡萝卜各50克，黄豆、豆芽、西芹各30克，大葱80克；植物油20毫升，酱油10毫升，料酒10毫升，辣酱汁50毫升，熟芝麻、鸡精、盐各5克，黑胡椒粉3克，真味炸酱200克，糖、嫩肉粉各10克。

做　法

1 猪肉洗净，切丁，放入料酒、黑胡椒粉、嫩肉粉拌匀，腌渍20分钟备用。
2 黄瓜、胡萝卜洗净，切丝，西芹洗净，切丁，大葱切末备用。
3 将胡萝卜丝、西芹丁、豆芽、黄豆一起放入沸水中焯一下，捞出后过凉水，调入盐、鸡精，使其入味。
4 锅内放入植物油，烧至八成热，放入大葱末、猪肉丁，炒匀，加入少量酱油提色，倒入真味炸酱、辣酱汁，炒匀。
5 转小火，顺着一个方向搅动锅内的酱汁，如果酱稠了，可以适当加入凉水，再加入糖调味。
6 充分搅拌酱至其变成枣红色，散发出香味，并开始有油析出时，加入鸡精调味，出锅。
7 锅中倒入清水煮沸，放入手擀面，面条煮熟后，过凉水，装碗。
8 铺上西芹丁、胡萝卜丝、豆芽、黄豆和黄瓜丝，再放入适量肉丁酱，撒上熟芝麻即可。

贴心小提示
Intimate tips

由于真味炸酱和辣酱汁味道都比较重，所以做炸酱的时候可以不加盐，也可以根据口味自行调味。忙碌的上班族，可以一次多做点炸酱，放在冰箱里，回到家将炸酱微波后，煮开面条就能吃了，非常方便！也可以浇在米饭上做成盖浇饭，给自己更多的选择。

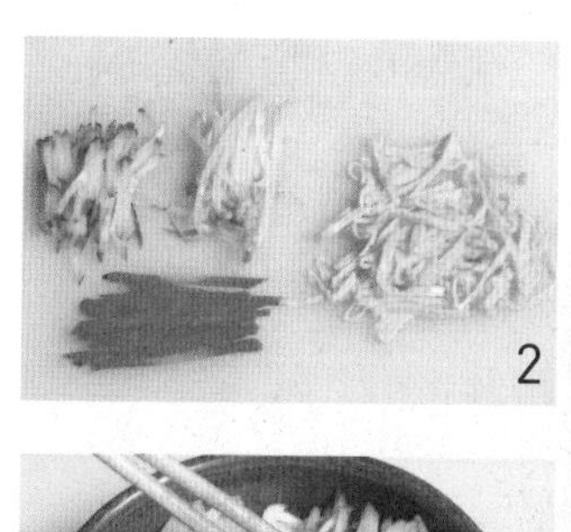
2

6

8-1

8-2

salt
pepper
yogurt
dill
green onion
parsley

PART 3

Steamed Bun

馒头花卷 搭什么都好吃

妈妈说人要活得像馒头，身担要职却朴素低调，名声在外却仍能与任何食材搭配得天衣无缝。

Knead Dough
大厨手把手教你和好面

和面是指将各种粮食粉料与水掺和在一起制成面团的过程。和面的好坏不但会直接影响到食品的质量，还会影响到烹制工作的顺利进行，所以和面时一定要配比精确，操作细致。

怎样和发面

和面时放入适量的酵母或老面，和好面放置一段时间，由于酵母菌的作用，再看时就会发现有好多小气泡在里面，这就是发面了。以下是和发面的方法：

洗净双手和面盆后，将面粉放入盆中。

将发酵粉用30℃的温水化开，静置5分钟，使其活化后倒进面粉中。

遵循渐渐加水的原则，边加边用筷子搅拌，直至面粉成了穗状。

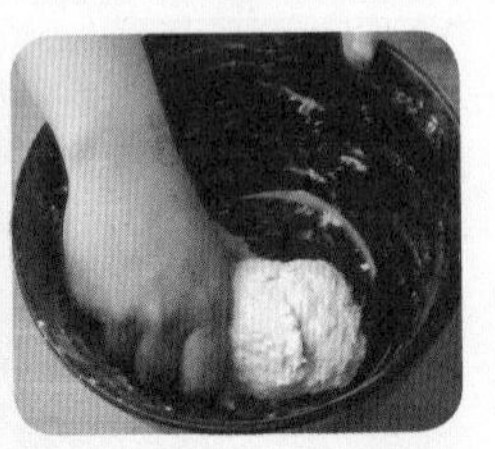
用手将面穗揉成面团。

一只手扶面盆边沿，另一只手手背蹭面盆的内壁，直至壁上无黏着的面。

搓双手，使黏着的面下来。

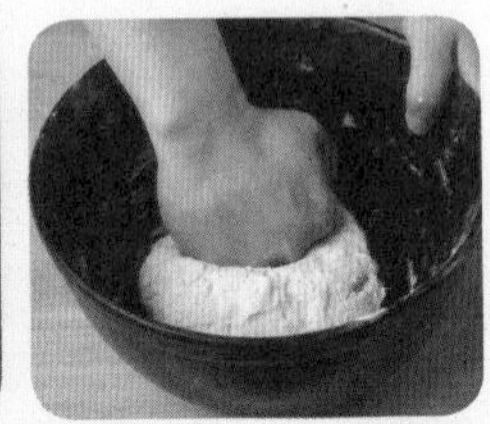
双手握成拳头，使劲揉压面团，循环反复，至面团柔软光滑即可。

发面的温度

秋冬和面要用温水，春夏和面可用凉水。酵母菌最有利的繁殖温度是30～40℃，低于0℃，酵母菌就会失去活性；温度超过50℃时，酵母菌会被烫死。所以发面的最佳温度是30℃左右。

怎样和死面

死面是指酵母没发起来或者没发成功的面，或是指不放酵母直接和出来的面，这里说的是后一种。死面的和法和发面差不多，区别是少了加酵母那一步，并且和面的时候用的是低于30℃的凉水。

饧面

饧面是指将面和好后不马上就用，而是将面团用湿布盖上让其静置一会儿，软面一般饧20分钟，硬面则饧半小时。死面是和好后直接饧，发面则是发好后放砧板上揉一揉再让其饧。饧过的面团做出的成品光滑又有韧性，当然也就好吃了。

怎样和玉米面

玉米面粉相对于小麦面粉来说要稍粗糙一些，所以在和的时候往往会出现因筋道不够而有裂纹或不成团的现象，碰上这种情况，我们可以往玉米面粉中加入适量的小麦面粉，掺在一起和就很容易和好了。

如何做到盆光

盆光就是面和好后面盆的内壁和盆沿都是干干净净的，除了可以用手背去搓外，还可以把面粉撒上去，然后将粘在上面的面块搓下来，也可以拿起整个面团顺时针或逆时针擦盆壁，直至内壁光亮。另外，在和面之前将面盆（不锈钢的）放在火上烤一烤，这样再拿来和面就可以防止面团粘盆了。

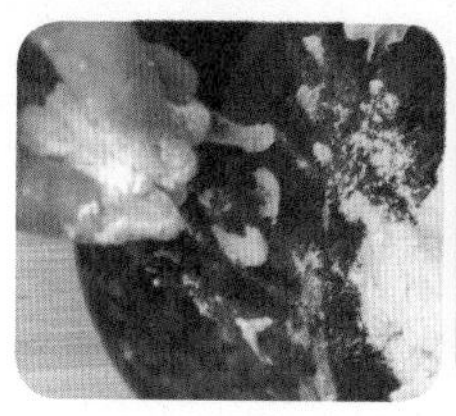

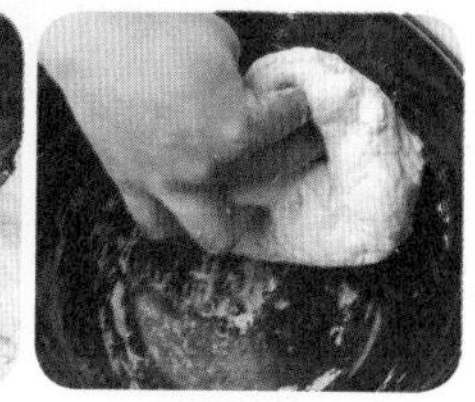

如何做到面光

将面粉和成团后，反复揉搓，使面粉中的蛋白质充分吸收水分后形成面筋，这样也就可以使面团光滑又有弹性了。另外，和好的发面反复揉搓后形成的面筋还可以阻止发酵过程中产生的二氧化碳流失，从而使发好的面团膨松多孔。

如何做到手光

在面粉和成面团之前，手上往往会沾比较多的面粉，这个时候可以抓一把干面粉两手搓一搓，必要时可以蘸些水，然后将面粉揉成团，最后将手放在面团上拍一拍，粘一粘即光。

如何让发面发得更快

冷天想让发面团发得更快，除了可以将其放在适宜的温度中以外，还可以在和面时加入一些白糖，这样能缩短发酵时间，而且发出来的面团更膨松。

芝麻馒头

材　料

中筋面粉200克，低筋面粉100克，黑芝麻适量；白糖、奶油、发酵粉、食用碱、全脂鲜奶各适量。

做　法

1 将中筋面粉、低筋面粉、白糖、发酵粉、食用碱混合，加入清水和鲜奶和成面团，饧10分钟后加入奶油，用力揉成光滑有筋度的面团。

2 将黑芝麻炒香，用擀面杖擀成粉末，加入一小勺水搅匀，倒入面团内揉至芝麻充分融进面团，盖上湿布，发酵1小时。

3 将发酵好的面团搓成长条，揪成小剂子，再将小剂子逐个揉成半圆形，做成馒头生坯。

4 将蒸笼烧热，放入馒头生坯蒸15分钟即可。

贴心小提示
Intimate tips

芝麻营养丰富，味道香浓，口感独特。将其均匀掺入馒头中，可让馒头的味道更好，营养更丰富。

牛奶馒头

材　料

中筋面粉300克，牛奶适量；白醋、植物油、泡打粉、发酵粉、白糖各适量。

做　法

1 用温水将白糖化开，加入发酵粉搅拌均匀倒入中筋面粉内，加入泡打粉、白醋、植物油、牛奶充分搓揉和成面团，盖上干净的湿布，饧50分钟。
2 将发酵好的面团擀平，卷成长条，用刀切成相同大小的块，做成馒头生坯，静置发酵5分钟。
3 蒸锅置火上，将馒头生坯放入锅中大火蒸15分钟即可。

刀切馒头

材　料

自发面粉500克。

做　法

1 将自发面粉用清水和成面团，揉至表面平滑有光泽。
2 将揉好的面团搓成粗条，用刀均匀地切成小段，做成馒头生坯。
3 将馒头生坯放入蒸笼饧15分钟，大火蒸熟即可。

金银馒头

材 料

自发面粉500克；植物油、白糖、炼乳、蜂蜜各适量。

做 法

1 将自发面粉放入盆中，加入白糖、炼乳和适量清水，和成面团，用湿布盖严，饧30分钟。
2 将面团搓成均匀的长条，用刀切成相同大小的块，做成馒头生坯。
3 将馒头生坯放入蒸锅，大火蒸10～12分钟。
4 取出一半，在馒头表面划“一字刀”，放入七成热的油锅中炸至金黄色捞出，沥油，放入盘中。
5 取另一半蒸好的银馒头与炸好的金馒头间隔摆盘，中间放上用炼乳和蜂蜜调制的蘸料即可。

贴心小提示
Intimate tips

1.没有炼乳也可以用鲜奶和面，注意用鲜奶和面的时候不需要另外加入清水，这样馒头的奶香味才会更加浓郁。
2.炸馒头时油温要控制好，以免馒头被炸糊影响口感。

双色馒头

材 料

中筋面粉300克，可可粉适量；白糖、发酵粉、泡打粉各适量。

做 法

1 用温水化开白糖，加入发酵粉和泡打粉搅拌均匀，加入中筋面粉和成面团，饧45分钟。

2 将发酵好的面团切成两半，一半加入可可粉揉搓，揉搓至可可粉与面团完全混合。

3 将两种面团分别擀成长方形片，重叠起来卷成筒状，用刀切成相同大小的块，做成馒头生坯，发酵20分钟。将发酵好的馒头生坯放入蒸屉，大火蒸10分钟即可。

贴心小提示
Intimate tips

如果不喜欢可可粉的味道，也可以自行选择喜欢的配料，芝麻酱、枣泥粉、咖啡粉都是不错的选择。

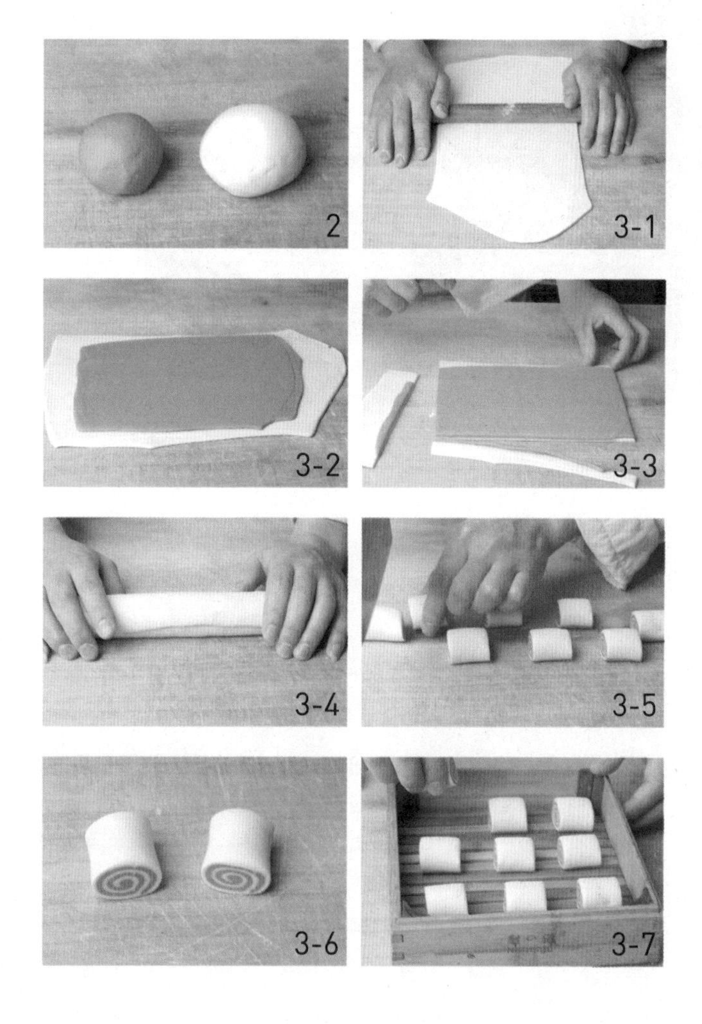

花生馒头

材 料

自发面粉500克，花生150克；植物油、盐各适量。

做 法

1 锅内放入植物油烧热，放入花生炒香，去皮，碾成碎末。
2 将自发面粉用清水和成面团，加入花生碎末、盐，揉匀。
3 将揉好的面团搓成均匀的条，制成剂子，做成馒头生坯。
4 将馒头生坯放入蒸锅略饧，蒸熟即可。

糯米馒头

材 料

自发面粉500克，糯米200克；植物油、白糖各适量。

做 法

1 糯米洗净，用清水浸泡2小时，加入清水后放入蒸笼蒸熟。
2 趁热将白糖和植物油拌入糯米饭，制成馅料。
3 将自发面粉用清水和成面团，包入馅料，制成糯米馒头生坯。
4 将馒头生坯放入蒸锅略饧，蒸熟即可。

贴心小提示
Intimate tips

蒸糯米前一定要先用温水泡发，这样不仅能让糯米更好吃还能节省时间。

贴心小提示
Intimate tips

玉米粉和面粉的比例是1：3，和面时要将玉米粉和面粉充分揉匀，直到面粉黏着呈网状才可以。如果玉米粉和面粉不能完全融合，馒头蒸熟后会粗糙难看，还会掉渣。

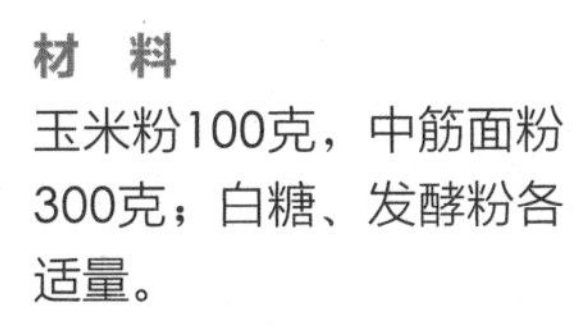

材　料

玉米粉100克，中筋面粉300克；白糖、发酵粉各适量。

做　法

1 用温水将白糖化开，加入发酵粉搅拌均匀。
2 将中筋面粉和玉米粉混合，边揉边加入糖水直至和成面团，盖上湿布，发酵2小时。
3 将发酵好的面团分成若干大小相同的小份，分别揉成小面团，放进热水蒸锅里，盖上盖发酵10分钟（不加热），大火蒸15分钟即可。

糜子面窝头

材　料

糜子面250克；小苏打粉适量。

做　法

1 将小苏打粉加入糜子面中，混合均匀，用温水和成面团，稍饧一会儿。

2 将面团搓成条，揪成小剂子；将剂子捏成上尖底圆的圆锥体，用大拇指在底部捅出一个空洞制成窝头生坯。

3 将窝头生坯放入蒸锅，大火蒸30分钟至熟即可。

贴心小提示
Intimate tips

要想蒸出的窝头口感绵软，外观好看，在和面的时候，对水的选择就要讲究一些，最好选择温开水和面。

红薯面馒头

材 料

红薯面、低筋面粉各适量；白糖、发酵粉各适量。

做 法

1 将红薯面、低筋面粉、发酵粉、白糖拌匀，加入温水和成面团，揉匀揉透，在温暖处饧15分钟。
2 将面团制成剂子，做成馒头生坯。
3 将馒头生坯放在温暖处饧30分钟，放入蒸笼，锅中加入凉水，中火蒸熟即可。

荞麦面馒头

材 料

荞麦面、面粉各300克；发酵粉适量。

做 法

1 将发酵粉用温水化开，加入荞麦面、面粉混合，用温水和成面团，揉匀揉透，放在温暖处饧15分钟。
2 将饧好的面团制成剂子，做成馒头生坯，饧20分钟。
3 将饧好的馒头生坯放入蒸笼，中火蒸熟即可。

山药小馒头

材 料

山药100克，面粉200克；白糖、发酵粉各适量。

做 法

1 山药去皮，洗净，切片，蒸熟，取出，捣成泥。
2 用温水化开发酵粉，同山药泥、白糖一起倒入面粉内和成面团，发酵2小时。
3 将发好的面团搓成均匀的条，揪成小剂子，做成馒头生坯，盖上湿布静置发酵10分钟，放入蒸锅大火蒸20分钟即可。

开花馒头

材 料

面粉1000克；白糖、发酵粉、食用碱各适量。

做 法

1 将发酵粉用温水化开，放入700克面粉和成面团，静置发酵后加入剩余面粉揉匀继续发酵。
2 面团第二次发酵后，加入食用碱揉匀，加入白糖揉透，搓成长条，揪成剂子，剂口朝上放入笼屉。
3 笼屉置火上蒸25分钟即可。

寿桃包

材 料

自发面粉500克，豆沙馅250克；红色食用色素适量。

做 法

1 将自发面粉放入盆中，加入清水和成面团，稍饧。

2 将发面团搓条，切成每个15克重的剂子，擀成圆皮，包入豆沙馅，制成仙桃形豆沙包生坯，静置发酵。

3 将豆沙包生坯放入蒸笼中蒸熟，取出；用红色食用色素在桃尖按桃形刷上红色即可。

贴心小提示
Intimate tips

饧面的时候一定要用湿毛巾盖严，这样面团表面才不会发干。色素一定要到正规的超市购买。可以根据自己的口味改变馅的原料，如莲蓉馅也很不错。

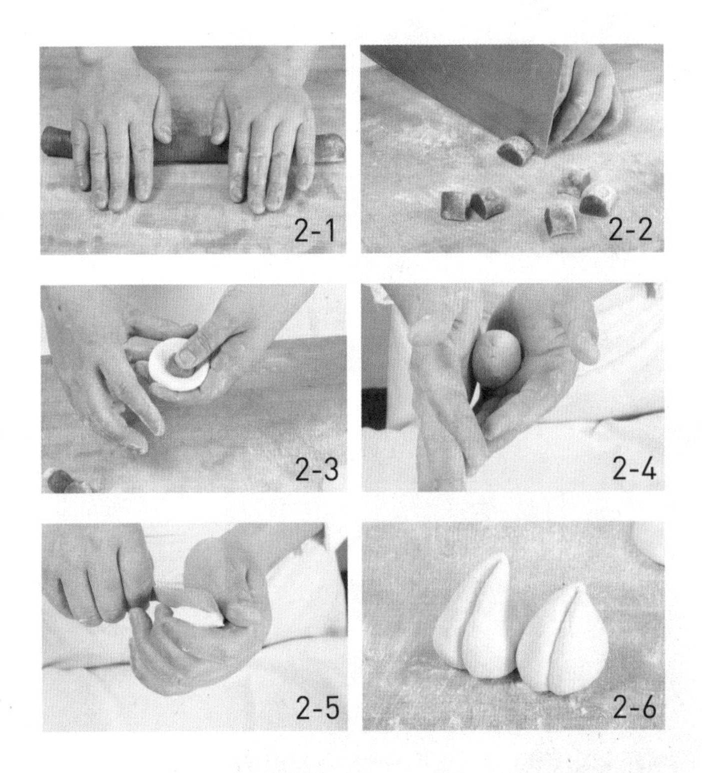

开花发糕

材 料

玉米粉100克，低筋面粉60克；泡打粉5克，白糖适量。

做 法

1 将玉米粉、低筋面粉和泡打粉混合，加入白糖和水搅拌成面糊。

2 将面糊倒入模具内；锅内倒水煮沸，将装有面糊的模具放入蒸屉。

3 用大火蒸15分钟即可。

豆沙包

材 料

面粉400克，豆沙馅300克；食用碱、发酵粉各适量。

做 法

1 将面粉、发酵粉、食用碱用温水和成面团，发酵2小时。

2 将面团搓成条，揪成面剂子，擀成中间厚边缘薄的圆皮，放入豆沙馅，收紧开口，揉成半圆形，做成豆沙包生坯。

3 将豆沙包生坯放入蒸笼中，用大火蒸15分钟即可。

菊花包

材 料

自发面粉500克，莲蓉馅300克。

做 法

1 自发面粉放入盆中，加水揉匀成面团，搓条，切剂子，压成面皮。
2 包入莲蓉馅，收紧封口，做成半圆形，包口朝下，用小剪刀自下而上一层层转圈剪出菊花瓣状即成生坯。
3 蒸锅置火上，放入菊花包生坯，用大火蒸15分钟即可。

什锦糖包

材 料

面粉1000克，核桃仁、瓜子仁、蜜枣、花生仁、葡萄干、瓜条、青梅、青红丝、甜姜各适量；白糖、芝麻、桂花酱、发酵粉、食用碱、食用红色素各适量。

做 法

1 将发酵粉用温水化开，加入面粉和成面团，静置发酵。
2 将核桃仁、花生仁、瓜子仁、蜜枣、葡萄干、瓜条、青梅、青红丝、甜姜切成小丁，与白糖、芝麻、桂花酱混合拌成馅。
3 面团发酵后，加入食用碱揉匀，搓成长条，揪成小剂子；将剂子擀成中间稍厚的圆皮，然后一手托皮一手放馅，包成糖包生坯。
4 在糖包生坯上点上食用红色素，放入蒸屉大火蒸15分钟至熟即可。

银丝卷

材　料

自发面粉500克；香油、白糖各适量。

做　法

1 将白糖用适量温水化开，与自发面粉一起和成面团，饧30分钟。
2 将1/3面团擀成长方形片备用。
3 将另2/3面团擀成薄皮，刷香油，切丝。
4 用擀好的面皮卷入切好的面丝，饧30分钟，放入蒸锅蒸熟即可。

贴心小提示
Intimate tips

面一定要和匀、揉透。切丝的面皮尽量擀得薄一些，这样切出来的丝才会更细，同时注意丝的粗细要均匀。

麻酱花卷

材 料

面粉200克，芝麻酱适量；发酵粉、食用碱水、植物油、红糖各适量。

做 法

1 将面粉加入温水、发酵粉、食用碱水揉成面团，盖上湿布发酵30分钟；芝麻酱加入油和红糖搅拌均匀。

2 将发酵好的面团擀成一张大饼，把调好的芝麻酱倒在面饼上抹匀，将面饼卷起来，切成宽段。

3 将两个面段重叠在一起拉长，双手反方向拧180°，把首尾的面头粘在一起，做成花卷生坯放在蒸笼上，用大火蒸20分钟即可。

猪蹄卷

材 料

面粉1000克，豆沙馅50克；食用碱、发酵粉各适量。

做 法

1 将发酵粉用温水化开，加入面粉和成面团，静置发酵；面团发起后，加入食用碱揉匀，稍饧。

2 将面团搓成适当粗细的长条，按每个25克揪成剂子；把剂子擀成直径约为10厘米的圆饼，先将一半铺匀豆沙馅，对折成半圆；再在半圆的一头铺匀豆沙馅，对折成扇形，用刀在尖头顺中心切开（刀口长约3厘米）；再对折起来轻轻捏紧，用刀背将大头周围压上一圈浅沟，放入蒸笼中用大火蒸15分钟即可。

贴心小提示
Intimate tips

面团的发酵时间因温度不同而有所差异。判断面团是否发酵好的方法：手指沾上面粉插入面团中，手指抽出后指印周围的面团不反弹不下陷，说明发酵得刚好。

枣末如意卷

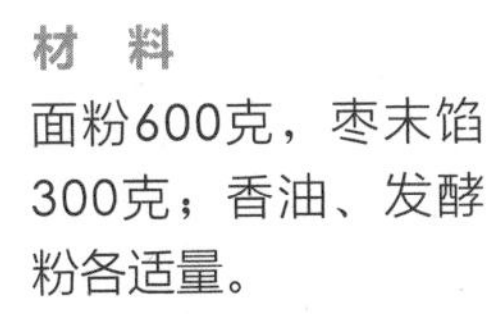

材 料

面粉600克，枣末馅300克；香油、发酵粉各适量。

做 法

1 发酵粉用温水化开，与面粉一起加温水和成面团，静置发酵。

2 将发酵面团擀成长方形薄片，刷上香油，均匀地铺上枣末馅，从两端分别向中间卷成如意状，切成段，即成枣末如意卷生坯，饧15分钟。

3 蒸锅置火上，放入生坯，上笼大火蒸约15分钟即可。

荷叶花卷

材 料

面粉1000克；植物油、盐、发酵粉、食用碱各适量。

做 法

1 将发酵粉用温水化开，加入面粉和成面团，静置发酵；待酵面发起，加入食用碱揉匀，稍饧。

2 将面团搓成长条，按每个25克揪成面剂子，擀成厚薄均匀的圆饼，刷油、撒盐、对折，再刷油、撒盐、对折，用梳子在尖头处压上花纹，再划上放射形的直纹，然后围绕扇形的弧，用梳子向上挤出2～3个凹缺口，使周边立起，呈荷叶卷状，放入蒸笼大火蒸熟即可。

贴心小提示
Intimate tips

发酵粉要用温水调匀才能充分发酵，水温不能过高。发酵粉中含有一种对人体有益的微生物，水温过高的话，会将这种微生物杀死。

鸡丝卷

材　料

面粉1000克，白糖250克，熟鸡肉丝125克；植物油、发酵粉、食用碱各适量。

做　法

1 将发酵粉用温水化开，加入面粉和成面团，静置发酵，待酵面发起后，加入食用碱揉均匀。

2 将面团切下2/3，加入白糖揉匀，饧一会儿，将面团切成剂子，抻成条，刷上植物油备用；将剩余的1/3面团按需要量切成剂子，擀成四边薄、中间厚的长圆形面皮。

3 把拉出的细面条切成7厘米长的段，放在长圆形面皮中间，撒上熟鸡肉丝，四面对折，包紧包严，呈枕头状，用大火蒸20分钟即可。

豆腐花卷

材　料

自发面粉500克，豆腐200克；植物油、盐、味精、葱花、香油各适量。

做　法

1 豆腐洗净，切粒，放入沸水中焯烫，捞出，放入碗中，加入植物油、盐、味精、葱花、香油拌匀，制成馅。

2 将自发面粉用清水和匀成面团，擀成面皮，撒上调好的馅料。

3 将面皮沿一个方向卷起成长条，用刀切成小块。

4 将做好的花卷放入蒸锅中蒸熟即可。

贴心小提示
Intimate tips

面片的大小，不必过于拘泥，要视屉的大小而定。但是面片的薄厚要均匀，馅料也要抹得均匀。在撒青红丝之前，要先在鸳鸯卷生坯上抹适量清水，这样可以让其粘得更牢固。

鸳鸯卷

材 料

面粉1000克，豆沙馅、番茄酱各750克，白糖500克，熟面粉250克；香油、青红丝、发酵粉、食用碱各适量。

做 法

1 将发酵粉用温水化开，加入面粉和成面团，静置发酵；发起后加入食用碱揉匀，稍饧。
2 将番茄酱倒入锅内，加入香油、白糖，用小火炒成稠状盛出，加入熟面粉搅拌成馅。
3 将面团擀成宽度适当的长方形薄片，两边分别抹上厚薄均匀的豆沙馅和番茄酱馅，然后分别向中间卷起，接口处朝下，压上花纹，撒上青红丝，做成花卷生坯。
4 把花卷生坯放入蒸笼内，大火蒸15分钟，取出按量切段即可。

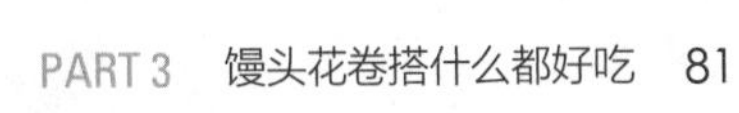

枣花卷

材　料

面粉300克，红枣200克；植物油、发酵粉、食用碱各适量。

做　法

1 将面粉、发酵粉、食用碱加入清水和成面团，静置发酵2小时。
2 将发酵好的面团揉透搓成长条，揪成剂子，拉成长片，刷一层植物油。
3 在面片两头分别放2颗红枣，再向中间卷起。将一组枣卷底面刷上植物油，两组枣卷粘在一起，呈十字交叉状，并用筷子在中间压成一条缝，使4个枣向外突出。
4 蒸锅置火上，将枣花卷生坯放入蒸笼内蒸20分钟即可。

贴心小提示
Intimate tips

枣不宜和黄瓜一起食用。黄瓜含有维生素分解酶，会破坏枣中的维生素。

南瓜馒头

材 料

南瓜250克，面粉500克；发酵粉适量。

做 法

1 将南瓜洗净，放入蒸笼里蒸熟，取出后挤出水分碾成泥。

2 发酵粉加入温水和匀，再放入南瓜泥和面粉揉成面团，发酵2小时。

3 将发酵好的面团做成剂子，分别揉成馒头生坯；蒸锅烧热，放入馒头生坯，蒸20分钟即可。

三丁花卷

材 料

面粉500克，火腿末、鸡蛋皮各70克，虾米50克；葱花、香油、发酵粉各适量。

做 法

1 鸡蛋皮切细末；虾米用清水泡15分钟，沥干水分，切小丁。

2 发酵粉用温水化开，与面粉一起加温水和成面团，静置发酵1小时。

3 将发酵好的面团擀成0.4厘米厚的长方形薄片，刷上一层香油，撒上火腿末、鸡蛋皮末、虾米丁、葱花，卷起成长条，切成小段。

4 分别将每段的两端提起，反向旋转拧成花卷生坯，饧15分钟左右。

5 蒸锅置火上，放入花卷生坯，大火蒸约15分钟即可。

麻花卷

材　料

面粉1000克；植物油、发酵粉、食用碱、盐各适量。

做　法

1 将发酵粉用温水化开，加入面粉和成面团，静置发酵。
2 面团发起后，加入食用碱揉匀，擀成矩形片，刷植物油，撒上盐，卷起，搓成长条，用刀切成长约6厘米的段，然后双手捏住两头，边抻边拧，至呈麻花状。
3 将麻花卷生坯摆入笼中，大火蒸12分钟即可。

吉祥如意卷

材　料

自发面粉500克；白糖、植物油各适量。

做　法

1 将自发面粉放入盆内，用温水和成面团，加入白糖揉匀，稍饧。
2 将面团擀成长方片，刷上一层植物油，然后横着对卷成如意卷，再切成数段。
3 蒸锅烧热后，将如意卷放入笼内，大火蒸20分钟即可。

广式腊肠卷

材 料

自发面粉500克，腊肠350克。

做 法

1 将自发面粉放入盆中，用清水和成面团，搓条，切剂子，搓成细条。
2 腊肠切段。
3 将搓好的面条一圈圈缠绕在腊肠上，制成腊肠卷生坯。
4 将腊肠卷生坯放入蒸锅内略饧，蒸熟即可。

椒盐花卷

材 料

自发面粉500克；植物油、葱花、花椒盐各适量。

做 法

1 将自发面粉放入盆中，加入适量清水搅匀，揉至表面光滑，用擀面杖擀成厚薄均匀的面皮。
2 将植物油均匀地涂在面皮表面，撒上花椒盐、葱花，卷成条，切成小剂子。
3 取一小剂子，先用双手拉长，再翻转180°，两端向后叠起，用筷子在中间压一个“十”字。
4 将做好的花卷生坯放入蒸锅中，饧至膨松，大火蒸熟即可。

五彩小花卷

材 料

面粉200克，彩色果脯适量；糖粉、猪油、发酵粉、食用碱各适量。

做 法

1 将果脯切碎；将面粉和发酵粉用温水和成面团，待面团发酵后，加入食用碱揉搓均匀，盖上湿布发酵15分钟。
2 将面团搓成长条，擀成1厘米厚的长面片，刷上猪油，撒上糖粉和果脯碎，卷成长条，用刀切成大小均匀的剂子。
3 将两个剂子叠放在一起，反向旋转拧成花卷生坯。
4 蒸锅置火上，放入花卷生坯大火蒸20分钟即可。

五香葱花卷

材 料

面粉500克；葱花、五香粉、椒盐、香油、发酵粉各适量。

做 法

1 将发酵粉用温水化开，与面粉一起加入温水和成面团，静置发酵10分钟。
2 将发好的面团擀成0.5厘米厚的长方形薄片，刷上香油，撒上葱花、五香粉、椒盐，卷成长条，切成小剂子。
3 用筷子在每个小剂子上以刀切的方向重压一下，把压痕的两头捏起即成葱花卷生坯，饧20分钟。
4 蒸笼置火上，放入花卷生坯，大火蒸15分钟即可。

椒香糯米包卷

材 料

面粉600克，糯米200克，腊肥肉、水发虾米各30克；葱花、盐、味精、生抽、白糖、椒盐、植物油、发酵粉各适量，猪油20克。

做 法

1 糯米洗净，用清水浸泡1小时，沥干，大火蒸熟；腊肥肉、水发虾米切末。
2 锅烧热，倒入植物油，放入腊肉末、虾米末煸炒，再加入糯米饭、猪油、盐、味精、生抽、白糖、椒盐、适量清水炒匀，撒上葱花即成糯米馅。
3 发酵粉用温水化开，与面粉一起加入温水和成面团，静置发酵后，擀成长方形片，铺上糯米馅，卷起，收口朝下，饧20分钟，放入笼中蒸15分钟即可。

火腿卷

材 料

面粉500克，火腿肠50克；香油、发酵粉各适量。

做 法

1 火腿肠切碎。
2 将发酵粉用温水化开，与面粉一起加入温水和成面团，静置发酵20分钟。
3 将发酵好的面团擀成长方形薄片，刷上香油，撒上火腿肠末，卷成长条，切成剂子。
4 用筷子在每个剂子上重压“十”字，饧20分钟。
5 蒸锅置火上，放入火腿卷生坯，大火蒸15分钟即可。

香麻糯米卷

材 料

糯米粉、小麦淀粉各适量；植物油、白糖、牛奶、白芝麻、花生仁各适量。

做 法

1 将白芝麻与花生仁炒熟，花生仁拍碎。
2 将糯米粉和小麦淀粉混合，加入牛奶、白糖调成糊。
3 将白芝麻、花生碎、白糖搅拌均匀，制成馅料。
4 平底锅刷植物油烧热，倒入糯米面糊，摊成薄饼，烙熟。
5 熟饼出锅，均匀地撒上馅料，卷起切段即可。

葱花卷

材 料

面粉1000克；香油、葱花、盐、发酵粉、食用碱各适量。

做 法

1 将发酵粉用温水化开，加入面粉和成面团，盖上湿布静置发酵20分钟。
2 酵面发起后，加入食用碱揉匀，稍饧。
3 将面团擀成长方形薄片，刷上香油，均匀撒上葱花、盐，卷成长条，切成每个25克的剂子。
4 用拇指和中指把剂子拧成花卷生坯。
5 蒸锅置火上，放入生坯大火蒸15分钟至花层裂开不黏手即可。

salt
pepper
yogurt
dill
green onion
parsley

PART 4

Dumpling

一张薄皮儿，满满馅儿

幸福其实很简单，憨厚的包子、灵巧的饺子、精致的馄饨，咬上一口，薄皮儿大馅儿，满口留香。

Dumpling

家常百搭馅——在家享受花样美食

包子、饺子、馄饨、馅饼的馅料有很多是互通的，只要掌握做馅的基本技巧和几种基础馅料的搭配，就能做出美味的主食来。

菜肉馅

材料：猪肥瘦肉末300克，圆白菜160克。

调料：盐8克，老抽30克，香油15克，葱末20克，姜末10克。

做法：1.在肉末中加盐拌匀。2.慢慢在肉末中倒入清水，并朝一个方向搅拌起劲至胶状。3.圆白菜切末后加入盐，用纱布包好挤干水分。4.将圆白菜与剩余调料倒入肉末中，搅拌均匀即可。

海鲜馅

材料：鲜虾仁70克，猪肥瘦肉末150克。

调料：盐、白糖各10克，米酒30克，香油、葱末各20克，姜末15克。

做法：1.鲜虾仁挑去虾线，洗净，擦干，切成小块。2.将除去虾仁之外的所有物料一起搅拌起劲。3.加入虾仁块，搅拌均匀即可。

三丁馅

材料：猪肥瘦肉、冬笋、鸡肉各250克。

调料：老抽50克，白砂糖10克，盐、黄酒、淀粉各5克，植物油适量。

做法：1.将猪肉、冬笋和鸡肉分别洗净，切成小丁。2.炒锅倒油烧热，依次下入肉丁、鸡丁煸炒。3.加入黄酒、老抽、盐、白砂糖，让汤汁烧沸。4.倒入笋丁，大火收汁，加入淀粉勾薄芡，拌匀即可盛出备用。

素菜馅

材料：圆白菜250克，胡萝卜末50克，红薯粉25克。

调料：盐、香油各15克，白砂糖、白胡椒粉各10克，蚝油25克。

做法：1.将圆白菜切末，加入盐拌匀，用纱布包好，挤出水分。2.将红薯粉泡软切段。3.将圆白菜末、胡萝卜末、红薯粉段混合。4.加入上述各种调料拌匀即可。

蛋黄鲜肉馅

材料：生咸蛋黄6个，猪肥瘦肉200克。

调料：盐10克，白砂糖8克，米酒2匙，老抽40克，香油适量。

做法：1.生咸蛋黄用米酒稍拌，切成小块。2.将猪肉剁成肉末，加入盐、白砂糖、老抽、香油搅拌起劲，少量多次加入清水，一起搅至黏稠状。3.加入咸蛋黄一起搅匀。

川味麻辣馅

材料：猪肥瘦肉末100克，脆笋200克。

调料：盐、白砂糖、白胡椒粉各10克，香油15克，辣椒面、花椒粉各5克，植物油适量。

做法：1.将脆笋洗净，擦成丝。2.炒锅内倒入植物油，放入脆笋丝、辣椒面、花椒粉、白胡椒粉炒香，盛出备用。3.将肉馅、盐、白砂糖、香油一起搅拌起劲，中间少量多次加入清水，搅至黏稠。4.将2、3步中的馅料混合均匀即可。

猪肉茄子馅

材料：猪肥瘦肉末100克，紫茄子500克。

调料：姜末、葱末、老抽、辣椒油各10克，蒜泥15克，味精2克，盐、白胡椒粉各5克，豆瓣酱25克，植物油适量。

做法：1.将茄子洗净，去皮，切丁。2.过油炸后捞出，沥干油备用。3.炒锅内倒入植物油炒香豆瓣酱，加入猪肉末略加煸炒。4.倒入茄丁和各种调料，稍煮一会，大火收汁勾薄芡。5.淋上辣椒油即可。

西葫芦猪肉馅

材料：猪肥瘦肉末250克，西葫芦750克。

调料：葱末、香油各10克，姜末5克，盐7克，味精2克。

做法：1.西葫芦去皮后剖开去籽，并刨成短丝。2.将西葫芦丝用盐腌渍一会，挤干水分。3.将西葫芦丝与肉末、香油、味精、葱末、姜末一起搅拌均匀起劲即可。

皮蛋荸荠馅

材料：猪肥瘦肉末250克，松花蛋、荸荠各100克。

调料：葱末10克，盐5克，味精2克。

做法：1.将荸荠去皮，洗净，拍碎后切成小粒。2.将松花蛋去壳，切成小粒。3.将荸荠粒、松花蛋粒混合后加入猪肉末碗中。4.加入盐、味精、葱末，搅拌均匀即可。

猪肉茴香馅

材料： 猪肥瘦肉末350克，茴香250克。

调料： 葱末50克，姜末5克，盐8克，味精3克，老抽15克，香油20克，固体猪油35克。

做法： 1.茴香洗净，切成末。2.将肉末搅拌黏稠，放入茴香。3.放入葱末、姜末搅拌均匀。4.放入上述调料一起搅拌均匀起劲即可。

羊肉荸荠馅

材料： 羊肥瘦肉末500克，荸荠、韭菜各200克，蘑菇20克，虾米10克。

调料： 盐、老抽、甜面酱各15克，白砂糖、胡椒粉各3克，味精、香油各2克，料酒20克，盐4克。

做法： 1.将虾米洗净，切碎；荸荠去皮，洗净，切碎。2.蘑菇和韭菜洗净沥干后切末。3.将羊肥瘦肉末同以上原料混合。4.加入所有调料搅拌起劲至黏稠即可。

芹菜牛肉馅

材料： 西芹250克，牛瘦肉末150克。

调料： 生抽、料酒各15克，盐6克，味精2克，香油10克。

做法： 1.芹菜洗净，沥干水分，切成碎末。2.将牛瘦肉末与生抽、料酒、盐、味精、香油一起搅拌均匀。3.加入芹菜末搅拌均匀即可。

虾仁玉米馅

材料： 虾仁200克，新鲜玉米粒100克，荸荠、熟猪肥肉各50克，芹菜25克，鸡蛋75克。

调料： 葱末10克，姜末、盐各5克，香油15克，白胡椒粉2克，淀粉10克。

做法： 1.新鲜虾仁挑去沙线后洗净擦干，用刀背压成泥。2.在虾泥中加入盐、白胡椒粉、淀粉、鸡蛋，搅拌起劲呈胶状。3.将荸荠、熟猪肥肉、芹菜分别切成碎粒，加入虾泥中。4.加入玉米粒、各种调料，搅拌均匀即可。

南瓜馅

材料：南瓜150克，猪肥瘦肉末250克。

调料：盐、白胡椒粉各5克。

做法：1.将南瓜去皮、籽，洗净，切片，蒸熟后趁热碾成泥状，凉凉备用。2.在猪肉末中加入调料，搅拌起劲。3.和南瓜泥一起拌匀即可。

板栗鲜肉馅

材料：猪肥瘦肉末150克，板栗10颗。

调料：盐、白胡椒粉各5克，香油10克。

做法：1.将板栗去壳、皮后蒸熟，切丁。2.将板栗丁放入肉馅中。3.加入上述调料一起搅拌均匀起劲即可。

素什锦馅

材料：金针菇、素火腿各200克，香菇5朵，冬菜100克，芹菜50克。

调料：盐、香油各10克，老抽5克，植物油适量。

做法：1.将冬菜、芹菜、金针菇、香菇、素火腿分别洗净后切碎。2.炒锅内倒入植物油，烧热后将芹菜末、金针菇末、香菇末、素火腿末一起炒匀。3.放入切好的冬菜。4.将所有调料放入炒好的材料中拌匀即可。

干贝鲜肉馅

材料：猪肥瘦肉末150克，干贝3粒。

调料：盐、白胡椒粉各5克，料酒适量。

做法：1.干贝泡发，洗净，加入清水放入蒸锅蒸30分钟，凉凉后撕成丝备用。2.将干贝丝放入肉末中。3.加入上述调料一起搅拌均匀起劲即可。

鳜鱼馅

材料：鳜鱼肉400克，鸡蛋清1/2个。

调料：盐5克，白胡椒粉2克。

做法：1.鳜鱼洗净，去皮剔骨，剁碎。2.将蛋清加入鱼肉中。3.拌入上述调料，顺同一方向搅拌起劲即可。

梅干菜鲜肉馅

材料：猪肥瘦肉末250克，梅干菜50克。

调料：盐、白胡椒粉各5克，香油10克，料酒适量。

做法：1.梅干菜泡软，洗净，切末备用。2.将梅干菜末放入肉末中，放入盐、料酒、白胡椒粉。3.混合均匀后加入香油，再次搅拌均匀即可。

三鲜馅

材料：猪肥瘦肉末、鱼肉、新鲜虾仁各80克。

调料：盐、白胡椒粉各5克，香油10克，鸡蛋清1/2个，料酒适量。

做法：1.鱼肉剁碎；虾仁去除沙线，洗净，剁细备用。2.将猪肉末、鱼肉末、虾肉泥放入碗中，加入上述调料。3.搅拌均匀起劲即可。

菠菜水饺

材 料

面粉、菠菜各500克，猪肉200克，虾仁30克，水发香菇50克；盐、味精、香油、鸡高汤各适量。

做 法

1 猪肉洗净，剁成末，加入盐、味精、适量鸡高汤搅匀；菠菜洗净，取400克菠菜切碎；虾仁、水发香菇洗净，切成小丁，与菠菜末、肉末、香油拌匀成菠菜馅。

2 剩余菠菜放入榨汁机中榨成菜汁；面粉放入盆中，推开一个窝，倒入菠菜汁、适量清水，反复揉匀揉透，制成菠菜面团，静置15分钟，搓条，切成小剂子，擀薄制成饺子皮，包入菠菜馅，捏成饺子生坯，放入沸水锅中煮至浮熟捞出即可。

贴心小提示
Intimate tips

菠菜不能和豆腐一起吃，因为菠菜含有大量的草酸，而豆腐则含有钙离子，二者同食会引起结石。

材 料

面粉500克，牛肉300克，猪肉丁100克，鸡蛋2个；葱末、姜末、料酒、盐、鸡精、酱油、白糖、植物油、香油、蒜泥各适量。

牛肉水饺

贴心小提示
Intimate tips

牛肉是全世界人都爱吃的食物。牛肉蛋白质含量高，而脂肪含量低，所以味道鲜美，受人喜爱，享有“肉中骄子”的美称。用牛肉做肉馅饺子一定要放入葱末、姜末，这样做去腥又提鲜。

做 法

1 牛肉洗净，剁成末，加入猪肉丁、白糖、酱油、料酒、鸡蛋、盐、鸡精，顺一个方向搅成糊状，加入植物油、香油、葱末、姜末顺搅均匀，制成馅料。
2 将面粉用凉水和成面团，搓成均匀的长条，制成小剂子，擀成饺子皮。
3 取饺子皮包入馅料，做成水饺生坯。
4 锅内加入清水煮沸，放入水饺生坯煮熟，用漏勺捞出装盘，蘸蒜泥食用即可。

韭菜猪肉饺子

材 料

饺子皮500克，鸡蛋1个，韭菜、猪肉末各300克；植物油、盐、酱油、香油、姜末各适量。

做 法

1 韭菜择洗干净，切末备用。
2 将猪肉末放入碗中，加入韭菜末、植物油、盐、酱油、香油、姜末拌匀，打入鸡蛋拌匀制成馅料。
3 取饺子皮包入馅料制成饺子生坯；锅内放入清水煮沸，放入饺子生坯煮熟，捞出即可。

胡萝卜肉饺

材 料

面粉500克，猪肉、胡萝卜各200克，洋葱100克；姜末、盐、鸡精、香油、清汤各适量。

做 法

1 猪肉洗净，剁成末，加入盐、适量清汤搅匀；胡萝卜洗净，与洋葱分别切成细粒，放入锅内煸炒后与肉末、姜末、鸡精、香油拌匀制成胡萝卜肉馅。
2 将面粉用凉水和成面团，饧透，搓条，切成小剂子，擀成饺子皮，包入胡萝卜肉馅，捏成饺子生坯，放入沸水锅中煮至浮起，分两次加入适量凉水，煮熟捞出即可。

羊肉水饺

材 料

面粉500克，羊肉400克，白菜200克；香油、酱油、料酒、葱姜汁、花椒水、胡椒粉、盐、味精各适量。

做 法

1 白菜洗净，剁碎，挤干水分；羊肉洗净，剁成末，加入料酒、酱油腌渍一会儿，加葱姜汁、花椒水搅打至起胶时，加入白菜碎和胡椒粉、盐、味精、香油，搅匀备用。

2 将面粉用适量凉水和盐和匀揉透制成面团，搓成细条，切成每10克1个的剂子，擀成中间稍厚的圆皮，包入馅，捏成月牙形饺子，下入沸水锅内，煮熟捞出即可。

贴心小提示
Intimate tips

包的饺子一次吃不完，可以放到冰箱的冷冻室冷冻起来，这样下次吃也很方便。煮冻饺子的时候要注意在水将沸的时候下锅，可以避免因过分翻腾出现破皮现象。

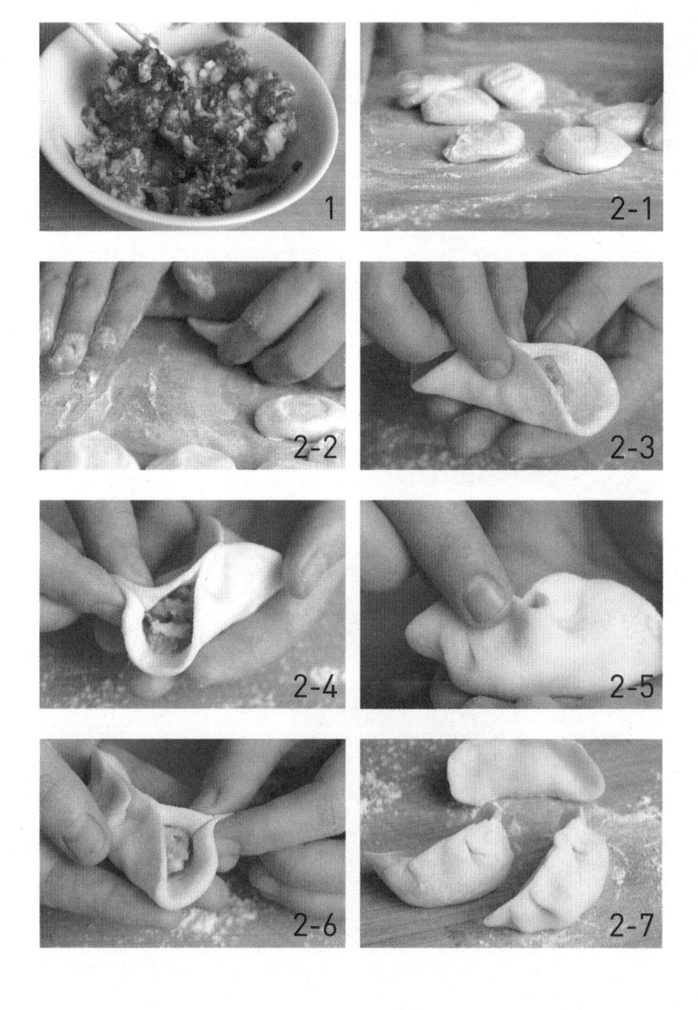

高汤水饺

材 料

中筋面粉500克，猪肉400克，油菜250克；鸡汤、酱油、香油、盐、味精、紫菜、香菜、葱花各适量。

做 法

1 油菜洗净，剁碎，加盐腌渍后沥去水分；猪肉洗净，剁碎，加酱油、盐、味精、香油拌匀，加入清水，拌至肉馅呈黏稠状，加入油菜碎、葱花拌匀成馅。
2 将面粉用适量温水和匀揉透，制成面团，搓成长条，切成每10克1个的小剂子，按扁，擀成中间稍厚的圆皮，包入馅，捏成月牙形饺子。
3 将饺子放入沸水锅中煮至八成熟捞出，再放入烧沸的鸡汤内煮熟，汤内加紫菜、香菜、盐、味精调味即可。

猪肉茄子水饺

材 料

面粉500克，茄子250克，猪五花肉丁300克；干红辣椒末、葱末、姜末、酱油、植物油、香油、盐、鸡精、蒜泥各适量。

做 法

1 茄子去皮，洗净，切碎，加盐腌渍后挤去水分，加酱油、盐搅拌均匀。
2 猪肉丁加入茄子碎、干红辣椒末、葱末、姜末、植物油、香油、鸡精搅匀，制成馅料。
3 面粉加凉水和成面团，搓条，制成剂子，擀皮，包入馅料，做成水饺生坯。
4 锅内加清水烧沸，下入水饺生坯煮熟，捞出装盘，蘸蒜泥食用即可。

鸡肉汤饺

材 料

面粉500克，猪肉250克，鸡胸脯肉150克，白菜200克；葱花、姜末、盐、鸡精、香油、清汤各适量。

做 法

1 猪肉、鸡胸脯肉分别洗净，剁成末，加盐、鸡精、清汤搅匀；白菜洗净，用沸水焯软，挤干水分，切碎，与猪肉末、鸡肉末、葱花、姜末、香油拌匀制成肉馅。
2 面粉加凉水和成面团，饧透，搓条，切成小剂子，擀成饺子皮，包入肉馅，捏成饺子生坯。
3 锅置火上，倒水煮沸，饺子放入沸水锅中煮至浮起，分两次加入适量凉水，煮熟捞出即可。

翡翠饺子

材 料

面粉500克，鸡腿肉150克，荠菜75克；盐、清汤、酱油、香油、味精、胡椒粉各适量。

做 法

1 将荠菜洗净，用沸水焯一下，过一道凉水，用手挤干水分，剁碎，加盐，再用纱布挤出水分；鸡腿肉剁成末，与荠菜末一同放入盆内，加入其余调料，搅匀备用。
2 面粉用凉水和成面团，揉透，稍饧一会儿，搓成长条，切成均等的剂子，用手揉搓成团后，擀成饺子皮。
3 饺子皮铺在掌心里，包入馅料，捏成月牙形饺子，放入蒸锅中蒸熟即可。

冰花煎饺

材 料

面粉500克，鸡蛋5个，鲜贝肉100克，黄瓜200克；盐、味精、胡椒粉、香油、水淀粉、植物油各适量。

做 法

1 鸡蛋打入碗内，搅散，入油锅中炒熟，凉凉；鲜贝肉洗净。
2 将面粉加沸水和成烫面团，稍饧片刻。
3 黄瓜洗净，剁碎，与鸡蛋、鲜贝肉一起加入盐、味精、胡椒粉搅匀制成馅。
4 将饧好的面团揉匀，搓条，切剂子，擀成皮，包入馅，捏严封口。
5 平底锅置火上，倒油烧热，放入饺子生坯，当饺子底部煎至金黄色时，淋入水淀粉，盖上锅盖，焖约3分钟，其间要不停地转动平底锅，见水分渐干，呈网状冰花时，淋入香油，稍煎即可出锅。

三鲜水饺

材 料

面粉500克，鸡胸脯肉、韭黄各150克，水发海参、虾肉、干贝或蟹肉各50克；酱油、盐、胡椒粉、香油、味精、清汤各适量。

做 法

1 将鸡胸脯肉洗净，剁成末，加胡椒粉、酱油、盐、味精、香油和适量清汤搅匀；再把虾肉、干贝剁成末；海参切成豆粒大小的丁；韭黄洗净，沥干，切成末。把虾肉末、干贝末、海参丁、韭黄末掺在鸡肉末里一起搅拌成馅备用。
2 将面粉用适量水和匀揉透，搓成长条，按每10克1个揪成小剂子，按扁，擀成中间稍厚的圆皮，包入馅，捏成月牙形饺子，下沸水锅内煮熟，捞出即可。

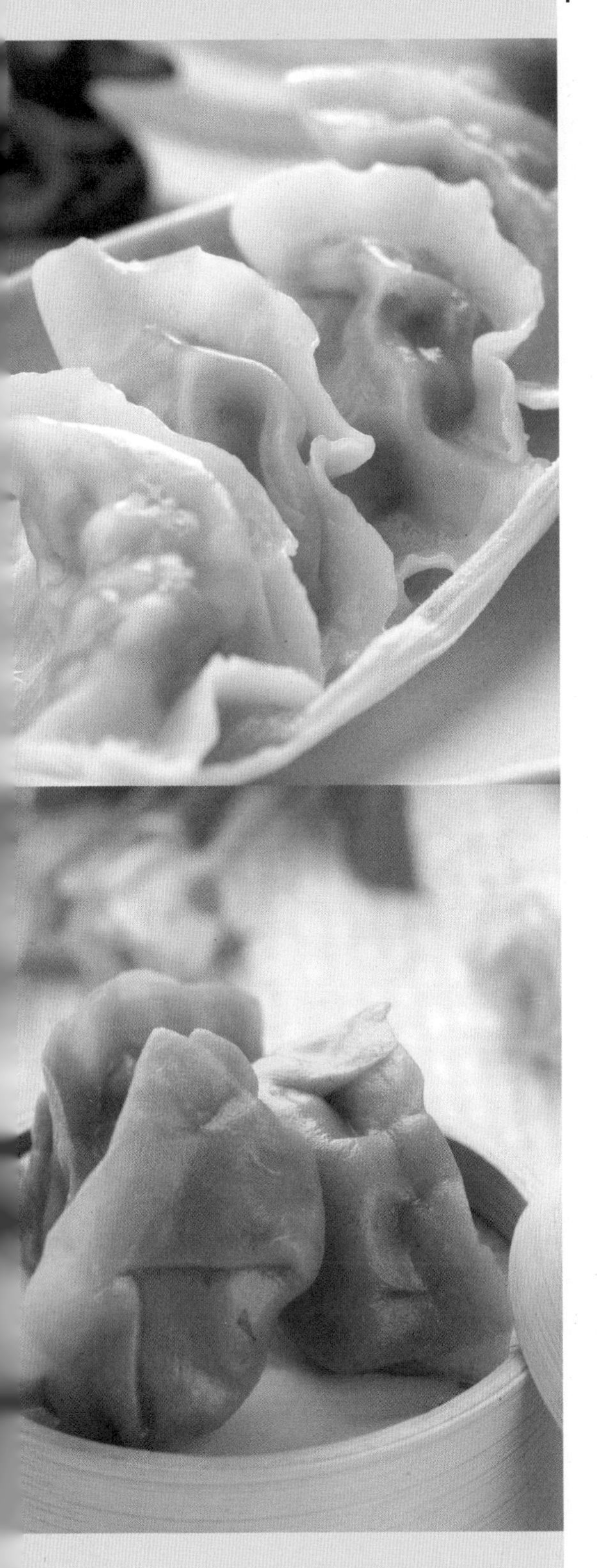

鱼肉水饺

材 料

面粉600克，鲜鱼500克，猪肥肉、油菜末各100克；酱油、香油、植物油、料酒、盐、味精、胡椒粉、清汤各适量。

做 法

1 将鲜鱼洗净，去鳞、骨；猪肥肉洗净，和鱼肉一起剁成末，加酱油、料酒、清汤搅成糊状，再加盐、胡椒粉、油菜末、味精、香油搅匀制成馅。
2 面粉加植物油和盐，用适量凉水和匀揉透，搓成细条，切成小剂子，擀成圆皮，包入馅。
3 将面皮对折合拢，捏成月牙形饺子生坯，下入沸水锅内，煮熟捞出即可。

碧绿蒸饺

材 料

面粉500克，菠菜汁适量，虾仁200克，猪肉末150克；葱花、姜末、酱油、盐、味精、胡椒粉、香油各适量。

做 法

1 面粉加清水、菠菜汁揉成面团，稍饧。
2 虾仁去除沙线，洗净，切粒，加入猪肉末、葱花、姜末、酱油、盐、味精、胡椒粉、香油，搅拌均匀后制成馅料。
3 面团搓成长条，每10克切成1个面剂，擀成圆片，包入馅料，捏成月牙形饺子生坯，上笼蒸熟即可。

鸳鸯蒸饺

材 料

面粉、韭菜、鸡蛋、虾皮、胡萝卜泥、木耳末各适量；植物油、盐、鸡精各适量。

做 法

1 韭菜洗净，切碎，加入鸡蛋、虾皮、植物油、盐、鸡精拌匀，调制成馅料。

2 面粉加沸水制成烫面团，稍饧，揉匀后搓成条，制成剂子，擀成饺子皮，包入馅料，捏成鸳鸯形饺子生坯，在两边洞内分别放入胡萝卜泥、木耳末，上笼蒸8分钟即可。

四色蒸饺

材　料

面粉200克，虾肉300克，熟蛋黄、熟蛋白、紫菜头、扁豆各50克；盐、味精、酱油、香油各适量。

做　法

1 将面粉用清水和成面团，饧一会儿，搓成长条，切成小剂子，再用擀面杖擀成饺子皮；扁豆用沸水焯熟，切成末；紫菜头切成末；将熟蛋黄和熟蛋白分别剁碎；将虾肉洗净，剁成末，加入盐、味精、香油、酱油搅拌均匀。

2 将拌好的虾肉馅放在饺子皮上，将面皮的对边向上捏在一起，注意旁边不要捏实，留4个洞口。

3 将蛋白末、蛋黄末、紫菜头末、扁豆末分别填在4个洞口内，上笼蒸8分钟即可。

香葱煎包

材 料

自发面粉、猪肉末各500克，鸡蛋1个；植物油、白糖、盐、猪油、五香粉、鸡精、香油、葱花各适量。

做 法

1 将自发面粉、白糖、猪油放入盆中，将鸡蛋打入碗中，加入清水调匀后倒入盆中，并加入适量温水和成面团，饧30分钟。

2 将猪肉末加入盐、五香粉、鸡精、香油拌匀制成馅。

3 将饧好的面团搓条，切剂子，擀成圆皮，包入馅做成包子生坯，入油锅煎至底部金黄，在顶部撒上葱花即可。

贴心小提示
Intimate tips

煎包的汁水来源于皮冻，但如果嫌麻烦可以往肉馅里多加些清水或高汤，这样也可以使肉馅水嫩；煎包的大小尽量保持一致，这样包子底部才能煎得均匀金黄。

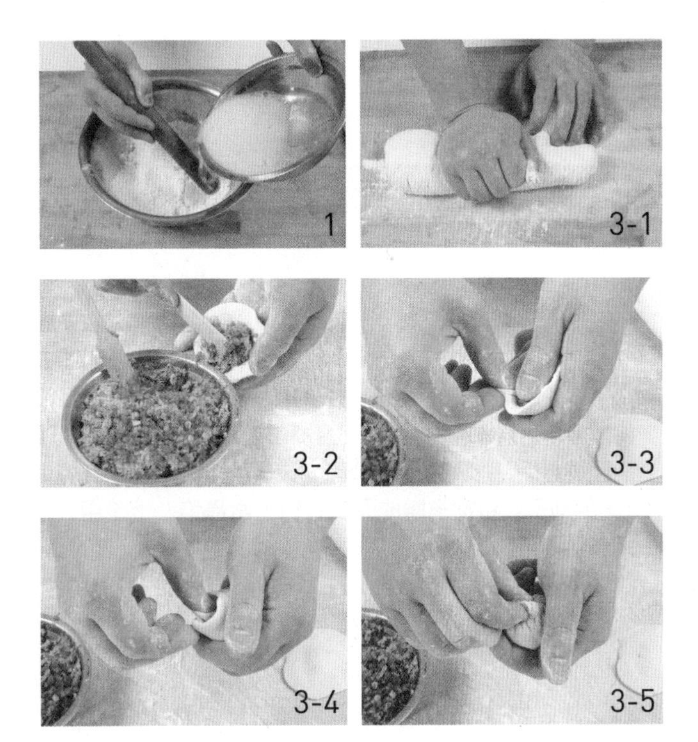

材 料

面粉1000克，水晶馅400克；发酵粉、食用碱各适量。

水晶包子

做 法

1 将发酵粉用温水化开，加入面粉和成面团，静置发酵。

2 面团发起后，加入食用碱揉匀，搓成长条，揪成每25克1个的剂子；将剂子擀成圆皮，包上水晶馅，上笼用大火蒸熟即可。

贴心小提示
Intimate tips

制作水晶馅的原料一般有猪肥肉、冰糖、白糖、炒熟的面粉、白酒等。当然不同的水晶馅原料也不尽相同，可以根据自己的口味加以发挥。

三丁包子

材 料

面粉1000克，熟猪五花肉700克，熟笋丁、熟鸡丁各250克，虾仁25克；酱油、白糖、鸡汤、水淀粉、盐、香油、料酒、味精、发酵粉、食用碱各适量。

做 法

1 将发酵粉用温水化开，加入面粉和成面团，静置发酵。
2 将熟猪肉洗净，切丁；鸡汤入锅烧沸，放入熟猪肉丁、熟笋丁、熟鸡丁、虾仁、酱油、白糖、盐、香油、料酒、味精，用大火收浓汤汁，调好味，用水淀粉勾芡制成三丁馅，盛出，冷却。
3 面团发酵后，加入食用碱揉匀，搓条，制成剂子，擀成圆皮，包入馅捏成包子生坯，上屉蒸10分钟即可。

黑椒牛肉包

材 料

面粉500克，牛腿肉350克，笋尖100克；葱花、姜末、酱油、味精、盐、白糖、料酒、黑胡椒粉、香油、嫩肉粉、发酵粉各适量。

做 法

1 牛腿肉洗净，剁成末，加嫩肉粉、酱油、适量清水拌至起劲；笋尖切成末，与牛肉末、味精、盐、白糖、葱花、姜末、料酒、黑胡椒粉、香油拌匀制成牛肉馅。
2 发酵粉加温水化开，与面粉一起和成面团，静置发酵后，揪成剂子，擀成面皮，包入牛肉馅，捏出褶皱，制成黑椒牛肉包生坯，饧20分钟，上笼用大火蒸15分钟即可。

翡翠烧卖

材 料

烧卖皮500克，糯米、腊肉各100克，胡萝卜50克；盐、味精、香油、葱花各适量。

做 法

1 糯米用清水泡 2 小时，用电饭锅煮成糯米饭，搅拌一下，凉凉备用。
2 胡萝卜洗净，去皮，切丁备用；腊肉煮熟后，切丁备用。
3 将糯米饭、胡萝卜丁、腊肉丁、葱花、盐、味精、香油，搅拌均匀，制成馅。
4 取烧卖皮，包入馅，捏成瓶口形，放入蒸锅，用大火蒸15分钟即可。

贴心小提示
Intimate tips

1.烧卖皮最好不要用外面购买的饺子皮，自己制作烧卖皮时也应该擀得薄一些，皮太厚会影响口感。
2.蒸之前在烧卖表面喷水，蒸好的烧卖皮就不会很干。

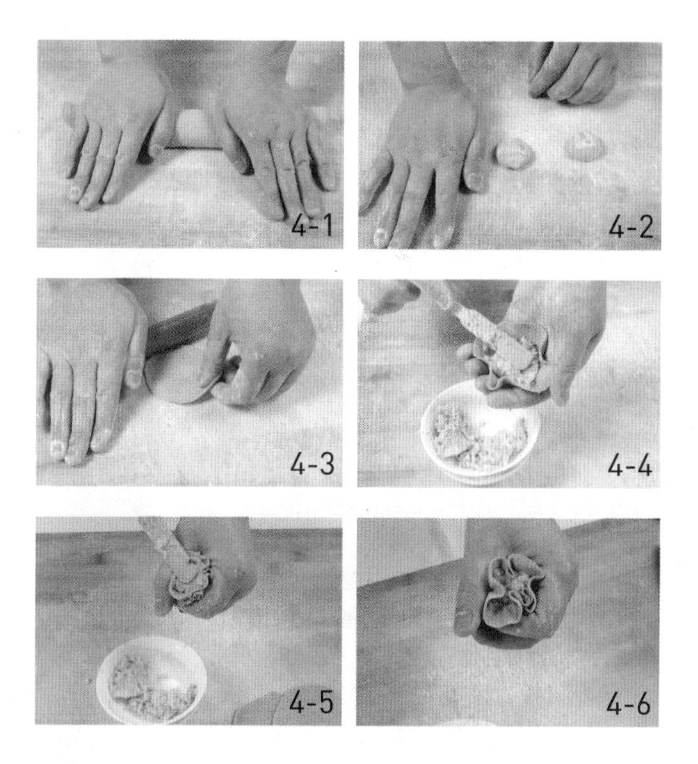

维吾尔薄皮包子

材 料

羊肉、面粉各200克，洋葱100克；胡椒粉、盐各适量。

做 法

1 羊肉洗净，用沸水焯一下，去血水，剁成末；洋葱去皮，洗净，切成小丁。
2 将羊肉末和洋葱丁放入碗内，加入胡椒粉、盐和少量清水搅拌均匀成馅。
3 面粉用凉水和成硬面团，搓成长条，揪成小剂子，用擀面杖擀成大薄皮；将拌好的馅包进包子皮里，做成饺子生坯，放入蒸笼中蒸20分钟即可。

山东包子

材 料

面粉1000克，猪五花肉600克，白菜200克，鹿角菜100克；猪油丁、香油、葱花、姜末、香菜、盐、味精、胡椒粉、发酵粉、食用碱各适量。

做 法

1 发酵粉用温水化开，加面粉和成面团，静置发酵。
2 猪肉切成豆粒大小的丁，白菜剁碎挤去水，鹿角菜泡开切成末，香菜洗净切末，混合以上食材后加盐、香油、味精、胡椒粉、猪油丁搅拌均匀，最后加葱花、姜末拌匀制成馅。
3 将发好的面团加入食用碱揉匀，搓条，制成剂子，擀成圆皮，包入馅捏成包子生坯，上笼用大火蒸15分钟即可。

酱肉冬瓜包

材 料

面粉500克，酱猪肉250克，冬瓜400克；葱花、姜末、香菜末、甜面酱、盐、味精、胡椒粉、香油、发酵粉各适量。

做 法

1 酱猪肉切成小丁；冬瓜洗净，去皮，切成丝，用盐腌渍片刻，挤干水分，与酱猪肉丁、甜面酱、葱花、姜末、香菜末、味精、胡椒粉、香油一起拌匀制成馅料。
2 将发酵粉用温水化开，与面粉一起和成面团，静置发酵，搓条，制成剂子，擀成面皮，包入馅料，捏出褶皱，制成包子生坯。
3 蒸锅置火上，放入包子生坯，大火蒸15分钟即可。

蛋黄水晶包

材 料

面粉600克，猪肥肉200克，椰蓉、榄仁、白芝麻各50克，白糖250克，奶油50克，咸蛋黄5个；发酵粉适量。

做 法

1 猪肥肉洗净，剁成末，放入冰箱冷藏备用；榄仁用油炸至香酥，切碎；白芝麻炒香；咸蛋黄揉碎，与猪肥肉末、白芝麻、榄仁碎、椰蓉、白糖、奶油、100克面粉拌匀成蛋黄水晶馅。
2 发酵粉加温水化开，与余下的面粉一起和成面团，发酵后制成剂子，擀成面皮，包入蛋黄水晶馅，收口处捏紧朝下，制成圆球状包子生坯，饧20分钟。
3 蒸锅置火上，放入包子生坯，上笼蒸15分钟即可。

鸡肉虾仁馄饨

材 料

馄饨皮、鸡胸脯肉、虾仁丁、猪肉丁各适量；葱末、姜末、白糖、胡椒粉、香菜末、榨菜末、植物油、香油、花椒水、盐、鸡精、鸡汤各适量。

做 法

1 鸡胸脯肉洗净，剁成末，加虾仁丁、猪肉丁、花椒水、白糖、盐搅成糊，加葱末、姜末、植物油、香油、鸡精调制成馅。
2 取馄饨皮，包入馅料，做成馄饨生坯。
3 锅内加鸡汤烧沸，加胡椒粉、香菜末、榨菜末、盐、鸡精、香油调成汤汁。
4 另起锅，加清水煮沸，下入馄饨生坯煮熟，用漏勺捞入碗内，浇上鸡汤即可。

贴心小提示
Intimate tips

制作馄饨皮的面粉可选用筋度较高的饺子粉，加入少量的碱面可以让馄饨皮更细滑，如不喜欢可以不放。为了让馄饨包出来更漂亮，面团要和得稍干一些。

清汤馄饨

材 料

面粉500克，猪肉末200克，鸡蛋1个；食用碱、紫菜、榨菜丁、香菜末、清汤、酱油、香油、盐、味精、葱花、淀粉、植物油各适量。

做 法

1 面粉内加入食用碱、盐、适量凉水和成稍硬的面团，用淀粉做铺面，擀制成半透明状的大薄面皮，叠起成长条，切成适当大小的方形、梯形或三角形馄饨皮备用。
2 紫菜用温水泡发；油锅烧热，鸡蛋打散摊成蛋皮，切丝备用；猪肉末加酱油、盐、香油和清汤搅拌起劲，最后加葱花拌匀成馅。
3 一手托馄饨皮，一手包馅，并捏成菱角形小馄饨。
4 将清汤加入榨菜丁烧沸，加入酱油、盐、蛋皮丝、紫菜、香菜末、味精，调好味盛入碗内；馄饨用沸水煮熟，捞在汤碗内即可。

贴心小提示
Intimate tips

肉馅的肥瘦比例最好为3：7或者4：6，如果瘦肉太多，可以加入适量植物油，吃起来就没那么柴了。

三鲜大馅馄饨

材 料

馄饨皮500克，鱼肉80克，虾仁100克，猪肉末150克，鸡蛋1个（取蛋清）；高汤、料酒、盐、胡椒粉、香油、水淀粉、葱末各适量。

做 法

1 鱼肉和虾仁洗净，一起剁碎，加入蛋清搅匀。
2 将鱼肉末、虾仁末、猪肉末、葱末放入盆中，加入料酒、盐、胡椒粉、香油、水淀粉，调制成三鲜馅。
3 取馄饨皮包入三鲜馅，捏拢收口，制成馄饨生坯。
4 锅内放入高汤煮沸，放入馄饨生坯，煮熟捞出即可。

牛肉馄饨

材 料

馄饨皮、牛肉、猪肉丁、酱牛肉丁、芹菜末各适量；葱末、姜末、香菜末、鸡蛋皮末、植物油、香油、胡椒粉、盐、鸡精、酱油、牛骨头汤各适量。

做 法

1 所有食材洗净；牛肉剁成末，加猪肉丁、芹菜末、葱末、姜末、香菜末、鸡蛋皮末、植物油、香油、胡椒粉、盐、鸡精、酱油拌匀，制成牛肉馅。
2 取馄饨皮包入牛肉馅，制成馄饨生坯；锅内加牛骨头汤烧沸，下入鸡蛋皮末、香菜末、胡椒粉、盐、鸡精、香油调味。
3 另起锅，加清水煮沸，下入馄饨生坯煮熟，捞入碗内，倒入调好味的牛骨头汤，将酱牛肉丁撒在馄饨上即可。

青椒猪肉馄饨

材 料

馄饨皮、青椒、猪肉、黑木耳末各适量；香菜末、葱姜末、酱油、盐、鸡精、植物油、香油、猪骨头汤各适量。

做 法

1 青椒洗净，去蒂、去子，切碎，加植物油拌匀；猪肉洗净，剁成末，加酱油、盐搅拌入味，加青椒末、葱姜末、黑木耳末、鸡精、植物油、香油拌匀，制成馅料。

2 取馄饨皮，包入馅料，做成馄饨生坯。

3 锅内加骨头汤烧沸，放入香菜末，加盐、鸡精、香油调味。

4 另起锅加清水煮沸，下入馄饨生坯煮熟，用漏勺捞入碗内，浇上调好味的骨头汤即可。

贴心小提示
Intimate tips

煮馄饨时开水下锅，等馄饨浮上来就好了，不需要像煮饺子一样再次加水。馄饨皮薄，久煮易烂，所以还要注意肉馅不要包得太多。

油炸馄饨

材 料

馄饨500克；酱油、白糖、辣椒油、植物油、香油、葱末、蒜末、香菜末、花椒粉各适量。

做 法

1 取一只碗，加入酱油、白糖、辣椒油、香油、葱末、蒜末、香菜末、花椒粉调匀制成调味汁备用。
2 锅内放植物油烧热，放入馄饨炸至金黄，捞出沥油，装盘。
3 将调味汁倒入装有馄饨的盘中即可。

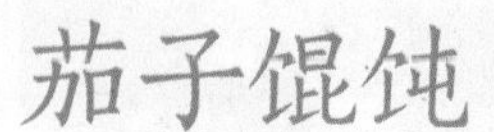

茄子馄饨

材 料

馄饨皮适量，猪肉末、茄子各200克；葱花、酱油、盐、味精、胡椒粉、植物油、清汤各适量。

做 法

1 猪肉末加酱油、盐、清汤搅至起劲；茄子洗净，切碎，用盐腌渍，挤干水分，与肉末、味精、胡椒粉、植物油拌匀制成茄子肉馅。
2 馄饨皮包入馅，捏成元宝状馄饨生坯。
3 清汤倒入锅中煮沸，加盐、味精，调好味盛入碗中；另将馄饨生坯放入沸水锅中煮至浮起，捞入清汤碗中，撒上葱花即可。

蛤蜊馄饨

材 料

中筋面粉、蛤蜊各500克，猪瘦肉末150克；鸡蛋清、盐、味精、葱花、香油、胡椒粉、清汤、小苏打粉各适量。

做 法

1 猪瘦肉末加盐、味精、清汤搅匀；蛤蜊焯烫，取出肉，洗净，剁碎，与猪瘦肉末、香油、胡椒粉拌匀成蛤蜊肉馅。
2 面粉放入盆中，加小苏打粉和清水、鸡蛋清拌匀后，一同揉成面团，反复揉匀揉透，静置20分钟，擀成薄片，切成馄饨皮，包入蛤蜊馅，捏成元宝状馄饨生坯。
3 将清汤倒入锅中煮沸，加盐、味精，调好味盛入碗中；另将馄饨生坯投入沸水锅中煮至浮起，捞入盛有清汤的碗中，撒上葱花即可。

红油馄饨

材 料

馄饨皮适量，猪肉末100克；料酒、辣椒油、酱油、香油、味精、盐、葱花各适量。

做 法

1 将猪肉末放入碗内，加入盐和料酒腌渍入味。
2 另取一空碗，放入辣椒油、酱油、香油、味精、葱花制成调味汁。
3 将腌好的肉馅包入馄饨皮内，下入沸水中煮熟，捞出，淋上调味汁即可。

salt
pepper
yogurt
dill
green onion
parsley

PART 5

Fried Rice

翻滚吧，炒饭

一碗好炒饭，不在于用了多复杂的手法或多珍贵的食材，美味在于米饭翻滚之间，融入了多少“爱”。看！热腾腾的炒饭里，幸福在翻滚！

墨鱼鱿鱼片石锅拌饭

材　料

熟米饭250克，墨鱼、鱿鱼各100克，黄瓜、胡萝卜、香菇、洋葱各50克，豆芽、红黄彩椒、豌豆各30克，鸡蛋1个；韩式甜辣酱20克，植物油、香油各适量，芝麻、盐、鸡精各3克。

做　法

1 将胡萝卜、红黄彩椒、洋葱、香菇、黄瓜洗净，切成粗细统一的细丝，与豌豆一起焯熟捞出备用。

2 将墨鱼和鱿鱼洗净，切片，再切花；将锅烧热，倒入植物油，待油热后，放入墨鱼片和鱿鱼片煸炒；起锅前放入盐和鸡精调味，将墨鱼片和鱿鱼片装盘备用。

3 将熟米饭放入石锅前，在石锅底部及侧边缘涂抹一层香油，放入米饭后在表面呈扇状铺上备用的各色蔬菜、墨鱼片和鱿鱼片。

4 用小火加热石锅，待香油作响时，打入1个生鸡蛋，待鸡蛋半熟时，加入韩式甜辣酱，撒上芝麻，搅拌均匀即可。

贴心小提示
Intimate tips

墨鱼体内含有大量的墨汁，不容易清除。买回来的墨鱼，要先撕掉表皮，剥开背皮，拉掉灰骨，准备一盆清水，把墨鱼放入水中，以防墨汁污染厨具或不慎溅到衣服上。在水中拉出内脏，再挖掉眼睛，使墨汁流尽，冲洗干净即可。

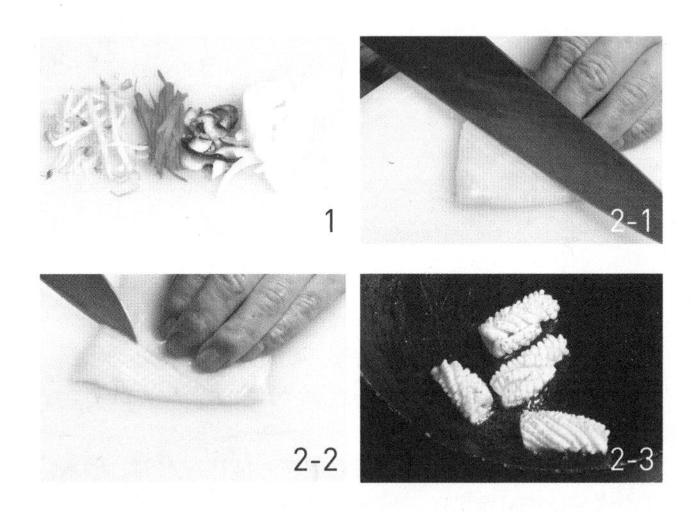

材　料

米饭150克，小洋葱30克，大洋葱15克，豌豆10克，鸡肉30克，虾肉各20克；蒜蓉辣椒酱30克，番茄酱15克，生抽15毫升，盐、植物油各适量。

印尼炒饭

做　法

1 将大洋葱洗净，去掉外皮、根，切成小粒；将鸡肉和虾肉洗净，切成0.5厘米宽的小粒；小洋葱去皮，洗净，切成细丝备用。
2 小火烧热锅中的植物油，待油温在六成热左右时，放入小洋葱丝炸至金黄色，捞出，沥干油，盛出备用。
3 中火烧热锅中的植物油，待油温烧至七成热时，放入洋葱粒、鸡肉粒、虾肉粒和豌豆粒翻炒均匀，倒入米饭继续炒匀。
4 待米饭炒匀，调入蒜蓉辣椒酱、番茄酱、生抽、盐拌炒均匀，盛入盘中，撒上炸好的小洋葱丝即可。

贴心小提示
Intimate tips

蒜蓉辣椒酱制法：准备蒜蓉、红辣椒、白酒、盐。将蒜蓉、红辣椒洗净，沥干水分，放入搅拌机中搅打成碎末，混合均匀，加入白酒、盐搅匀，放入密封的瓶子中保存一周就可以了。

枸杞糯米饭

材 料

糯米150克，枸杞子25克，熟火腿适量。

做 法

1 糯米洗净，用清水浸泡2小时；枸杞子洗净；熟火腿切粒。
2 锅置火上，倒入适量清水煮沸，放入糯米煮沸，改小火，放枸杞子煮熟，盛出后撒入火腿粒即可。

贴心小提示
Intimate tips

糯米营养丰富，再搭配有补精益气作用的枸杞子，温补强壮的功效更强。

荷香鸡米饭

材 料

大米150克，鸡腿肉100克，荷叶1张，口蘑、虾米各10克；酱油、香油、料酒、白糖、盐、鸡精、葱花各适量。

做 法

1 口蘑洗净，切片；虾米用温水泡发回软，洗净；大米洗净备用。
2 鸡腿肉洗净，切丁；荷叶放入沸水锅中烫软，取出洗净。
3 锅烧干，放入大米，用小火慢炒至米粒膨胀熟透后，盛出与鸡肉丁、口蘑片、虾米、酱油、香油、料酒、白糖、盐、鸡精一起拌匀，腌渍30分钟。
4 将腌好的鸡肉丁饭放在荷叶上，撒上葱花，用大火蒸45分钟即可。

爽口泡菜炒饭

材　料

香米饭250克，猪肉丁100克，洋葱、黄瓜、青椒、豌豆、胡萝卜、韩式泡菜各30克，鸡蛋1个；植物油适量，大蒜、葱各适量，鸡精、盐、黑胡椒粉各3克。

做　法

1 将黄瓜、胡萝卜、洋葱、青椒洗干净，切丁；韩式泡菜、大蒜切碎，葱切成葱花备用。
2 锅内倒入植物油，待油热后，倒入准备好的猪肉丁，翻炒，待肉丁熟后出锅装盘备用。
3 锅中倒入植物油，烧至六成热时放入蒜末炒香，放入黄瓜、胡萝卜、洋葱、青椒丁和豌豆翻炒，炒至变色，加适量盐调味。
4 放入泡菜末、猪肉丁、香米饭，炒匀，放黑胡椒粉、鸡精、盐调味，装盘，撒葱花。
5 另煎1个鸡蛋，放于炒饭上即可。

贴心小提示
Intimate tips

这道炒饭最重要的是肉丁口感要滑嫩，所以一定要掌握翻炒的火候。先用大火快速炒熟，待肉丁熟后马上装盘，长时间翻炒会使肉丁的口味变柴、变老。其次，泡菜翻炒的时间不宜过长，若逼出泡菜中的水分，炒饭就无法干爽可口。

毛豆桂花饭

材 料

毛豆仁50克，大米150克，枸杞子、干枣丁各适量；香油、盐、白酒、桂花酱各适量。

做 法

1 将大米洗净，放入清水中浸泡15分钟；毛豆仁洗净，沥干，加入大米中；枸杞子洗净。
2 在大米中加入香油、盐拌匀，放入毛豆仁、枸杞子、干枣丁，上笼蒸熟。
3 将蒸好的米饭再焖15～20分钟，加入白酒、桂花酱拌匀即可。

海蟹蒸饭

材 料

蟹肉50克，大米适量，香菜20克，蒜味花生15克；盐、酒、白糖、胡椒粉、香油各适量。

做 法

1 将香菜洗净，沥干，择下香菜叶，香菜梗切末备用。
2 大米洗净，用清水浸泡15分钟，沥干，加盐、酒、白糖、胡椒粉、香油拌匀，上面放蟹肉、香菜末，一同入笼蒸熟，稍焖。
3 加入蒜味花生，拌匀即可。

什锦凉拌饭

材 料

马苏里拉奶酪、萨拉米香肠各30克，香菇、荷兰豆、酸黄瓜、火腿、土豆各20克，米饭200克；百里香、盐各5克，橄榄油25毫升，黑橄榄20克，柠檬汁适量，黑胡椒粉、法香碎各3克。

做 法

1 将香菇去蒂，洗净；土豆去皮，洗净；鲜荷兰豆洗净；将马苏里拉奶酪、萨拉米香肠、香菇、酸黄瓜、火腿、土豆和黑橄榄分别切成同样大小的方丁备用。

2 以中火烧热锅中的橄榄油（15毫升），待油温烧至六成热时，放入香菇丁、火腿丁、香肠丁、酸黄瓜丁、黑橄榄丁、荷兰豆、土豆丁翻炒均匀，至土豆呈透明状，熄火，盛入盘中，凉凉备用。

3 将橄榄油（10毫升）、百里香、柠檬汁、盐、黑胡椒粉混合，搅拌均匀，制成柠檬油醋沙拉汁备用。

4 将米饭放入沙拉盆中，加入炒好且凉凉的蔬菜丁，再加入马苏里拉奶酪丁，调入柠檬油醋沙拉汁拌匀，盛入沙拉盘中，撒上法香碎即可。

贴心小提示
Intimate tips

马苏里拉在意大利被称为“奶酪之花”，因为其质地湿润香滑，极适合制作糕点，与番茄和橄榄油搭配更是锦上添花。

日式照烧鸡排饭

材 料

熟米饭、鸡腿各200克，西蓝花80克，香菇20克；植物油20毫升，香油、蜂蜜、生抽、料酒各6毫升，五香粉8克，盐、鸡精、糖各5克。

做 法

1 鸡腿洗净，去骨，用刀拍打几下，依次处理好所有的鸡腿，放入容器，加料酒、盐、五香粉腌渍30分钟备用。

2 将料酒、蜂蜜、生抽、鸡精、糖混合均匀，调制成照烧酱汁备用。

3 将香菇泡水，西蓝花洗净，掰成小朵；待香菇完全泡发后，和西蓝花一起放入锅中，加入清水，放入几滴植物油和盐，用开水焯熟，过凉水，沥去水分后加入盐、香油，搅拌均匀。

4 平底锅内倒入植物油，烧热后放入腌渍好的鸡腿，鸡皮朝下放入；煎的时候用铲子不断地在肉身上压，待鸡皮煎至金黄色翻面。

5 待两面金黄后浇入照烧酱汁，用小火收汁，中间要不停地搅动，以免烧煳；汁不必全部收干，留一点浇到米饭上；将烧好后的肉取出，切块备用。

6 取来容器盛入米饭，再取一点烧鸡肉的汁浇到米饭上，摆上几块鸡肉和蔬菜即可。

贴心小提示
Intimate tips

如果条件允许，腌鸡肉的时间越长鸡肉越入味，最好是头一天就腌好放在冰箱里。煎鸡肉的时候应该先煎鸡皮那一面，这样可以更好地把鸡皮中的油逼出来。

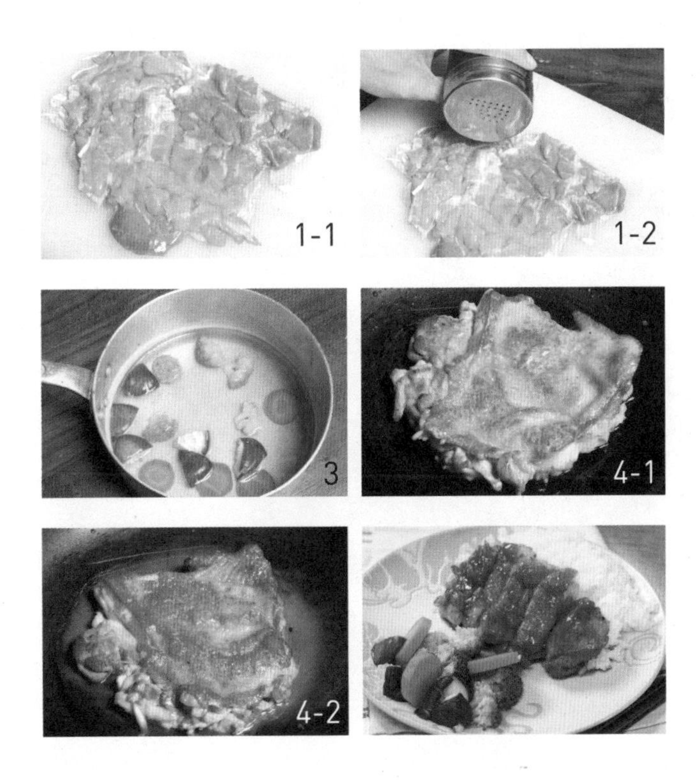

蒜味八宝饭

材 料

八宝米200克，猪肉丁100克，大蒜10瓣，毛豆仁、豆腐干、枸杞子各适量；胡椒粉、白糖、盐各适量。

做 法

1 八宝米洗净，用清水浸泡4小时；枸杞子洗净。

2 蒜头去皮，洗净，切末；猪肉丁加盐、胡椒粉、白糖拌匀腌渍入味；豆腐干洗净，切丁。

3 将八宝米放入容器中，将蒜末、猪肉丁、豆腐干丁、毛豆仁、枸杞子铺在上面，上笼蒸熟，再焖15～20分钟，拌匀即可。

排骨蒸饭

材 料

猪排骨50克，香菇3朵，胡萝卜1/3根，糯米100克；植物油、高汤、盐、酱油、胡椒粉各适量。

做 法

1 糯米洗净，用清水浸泡30分钟，沥干水分；香菇洗净，切丁；胡萝卜洗净，去皮，切丁；猪排骨洗净，切小段。

2 锅中倒植物油烧热，加猪排骨段、香菇丁、胡萝卜丁、糯米一起炒香，加高汤、盐、酱油、胡椒粉调味，略收汁，入锅蒸20分钟，略焖即可。

贴心小提示
Intimate tips

咖喱的主要成分是姜黄粉、川花椒、八角、胡椒、桂皮、丁香和芫荽籽等含有辣味的香料，能促进胃肠蠕动，增进食欲。

黄咖喱鸡饭

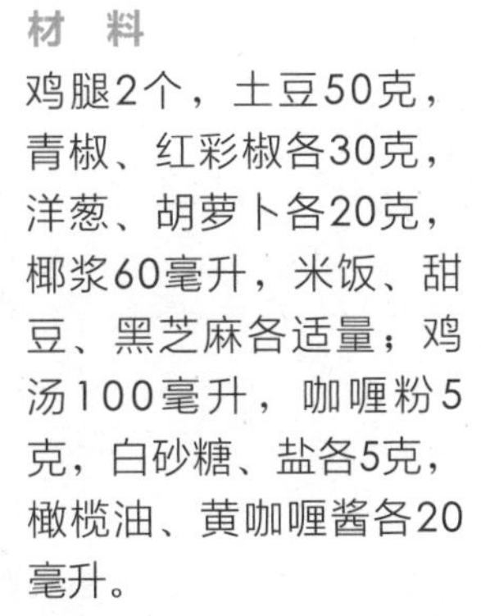

材 料

鸡腿2个，土豆50克，青椒、红彩椒各30克，洋葱、胡萝卜各20克，椰浆60毫升，米饭、甜豆、黑芝麻各适量；鸡汤100毫升，咖喱粉5克，白砂糖、盐各5克，橄榄油、黄咖喱酱各20毫升。

做 法

1 将土豆、胡萝卜、青椒、红彩椒、洋葱、甜豆冲洗干净，沥干水分，土豆和胡萝卜去皮，切成滚刀块，放入沸水中煮熟；洋葱、青椒、红彩椒切块；甜豆放入沸水焯烫，沥干后备用。
2 鸡腿去骨，洗净，切成块，煮熟，捞出，沥干，备用。
3 大火烧热炒锅中的橄榄油，待油温烧至七成热时放入咖喱酱和咖喱粉煸炒，加椰浆和鸡汤，搅拌均匀，略煮。
4 待汤沸，放入鸡肉块，煮沸，再放入土豆块、胡萝卜块、洋葱块、青椒块、红彩椒块，调入盐、白砂糖，熄火，盛入碗中，配上撒有黑芝麻的米饭和甜豆即可。

酱香油饭饭团

材 料

糯米、猪里脊肉各200克，干香菇、虾米各10克，海苔片15克；植物油10毫升，酱油5毫升，料酒7毫升，姜汁4毫升，黑胡椒粉5克，糖3克，盐6克。

做 法

1 将糯米洗净，用清水浸泡约4小时，捞出，沥干，以水量与米量1：1的比例放入电锅中炊煮，煮好之后继续焖10分钟，取出备用。

2 将猪里脊肉洗净，沥干水分后，切小丁，与适量酱油、料酒、盐、黑胡椒粉、姜汁搅拌均匀，放入冰箱冷藏室内，腌渍30分钟备用。

3 将虾米用温水浸泡60分钟，切细丁；干香菇用凉水泡软，洗净，切成小丁备用。

4 锅烧热后倒入植物油，烧至五成热时，放入腌渍好的猪肉丁，炒至变色后，加入虾米丁、香菇丁一起拌炒，转小火，加入酱油、糖、料酒，煮至入味后收汁关火。

5 将做好的肉丁与糯米饭搅拌均匀，捏成大小适合的饭团，在饭团外侧贴上海苔片即可。

贴心小提示
Intimate tips

做饭团最讲究的是米，不同品种的米黏度不同，要选有黏度、有嚼头、冷却后不会散开的米，这样能保持饭团的形状。饭团里可以根据自己的口味加入不同的馅料——海鲜、肉类、蔬菜、奶酪等。捏好的饭团用保鲜膜包住，可以压成心形、圆球等不同形状。

蜜汁八宝饭

材 料

糯米200克，红枣8颗，葡萄干、山楂条、什锦果脯各10克；猪油、蜂蜜、白糖各适量。

做 法

1 红枣洗净，泡软去核；葡萄干洗净；糯米洗净，用清水浸泡4小时，蒸熟。
2 盆中抹上猪油，摆上果脯，将糯米饭、剩余猪油、红枣、葡萄干、山楂条拌在一起，装入盆内，上屉蒸30分钟，出锅，扣入盘中。
3 炒锅烧热，放入适量蜂蜜和白糖，熬制成蜜汁，浇在八宝饭上即可。

腊肠菜蒸饭

材 料

莴笋叶25克，腊肠1根，大米450克；植物油、盐、白糖各适量。

做 法

1 莴笋叶洗净，沥干，切碎，用盐腌渍10分钟，挤干水分；腊肠切成小碎粒。
2 热油锅下腊肠末与莴笋叶翻炒，调入盐和白糖，煸软后起锅。
3 大米淘洗干净，加适量水，上屉蒸，当米饭开始收水时倒入炒好的菜，拌匀。
4 继续蒸，熟后再焖10分钟即可。

菠萝蒸饭

材　料

菠萝50克，熟白米饭150克，虾仁30克，火腿20克，鸡蛋1个；植物油、葱花、盐、鸡精各适量。

做　法

1 将菠萝在一半处切开，取出菠萝肉，切成小块；火腿切小丁；虾仁洗净备用。
2 锅置火上，倒油烧热，爆香葱花，打入鸡蛋炒碎，放入虾仁稍炒，放入火腿丁，倒入白米饭炒香，加盐、鸡精调味，关火。
3 把菠萝块与炒过的米饭拌匀，装入1/2个菠萝壳内，再盖上1/2菠萝壳。
4 蒸锅置火上，放入菠萝用大火蒸7～8分钟即可。

杂粮蒸饭

材　料

大米150克，薏米、黑米、糙米各50克，红枣10克。

做　法

1 将各种米洗净，大米用清水浸泡30分钟；薏米、黑米、糙米用清水浸泡2小时；红枣用温水泡软，去核，切碎。
2 将各种米放入锅中，加入红枣碎拌匀，上锅蒸熟即可。

salt
pepper
yogurt
dill
green onion
parsley

PART 6

Dessert

洋式儿早餐，这个可以有

一杯咖啡、一块面包、一段柔和的轻音乐、一本钟爱的小说，这样的清晨谁不羡慕？

Tool&Skill

西点的制作工具和技巧

——大厨亲授做好西点的秘诀

制作西点常用工具

1.打蛋器

搅拌面糊、奶油或馅料用握柄坚固的小号打蛋器，打蛋白用大一些的，钢丝坚挺、数量多的效果更好。

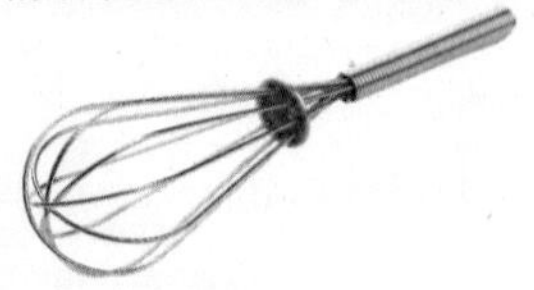

2.橡皮刮刀

用于拌面糊或馅料。

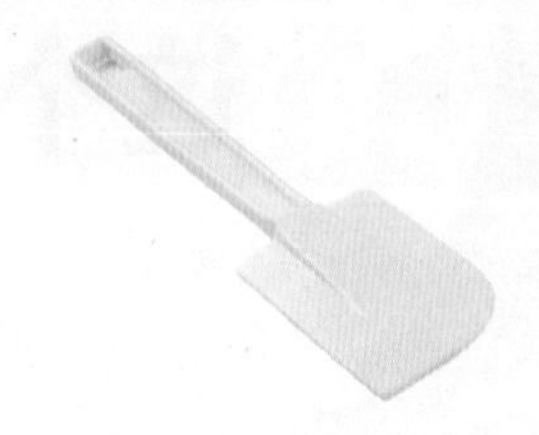

3.刮板

用于揉面时铲面板上的面，也可用于压拌材料等。

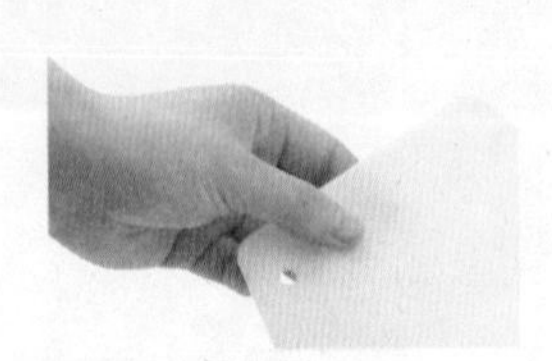

4.毛刷

可用来抹蛋液或糖浆，材料有尼龙的或动物毛的。如果涂抹面包表层的蛋液，使用柔软的羊毛刷子比较合适。毛刷每次使用后要洗净，干透。

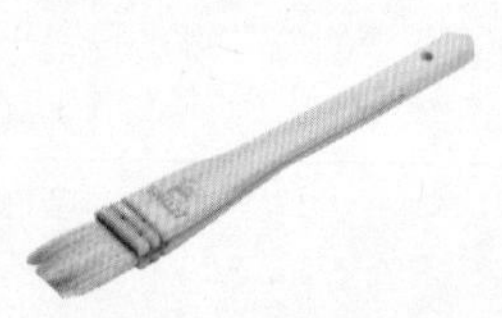

5.利刀

用于切割面皮来造型。一般用的是手术刀片，没有的话，使用剃须刀片、美工刀也可以，无论用哪种刀，刀刃一定要锋利，否则影响西点美观。

6.擀面杖

可以用来擀压面皮，制作面类食品必备。

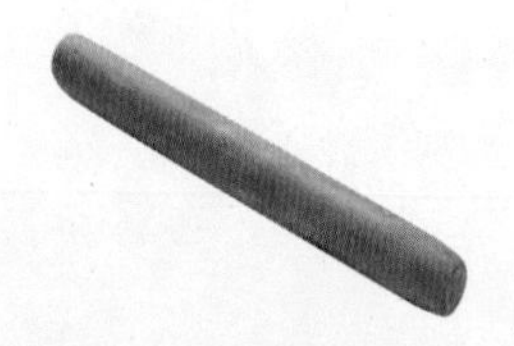

7.网筛

用于筛粉，使粉类松散细致，没有杂质。网眼细一些较好。

8.秤

称原料或面团用。

9.粉筛

过筛低粉、泡打粉、杏仁粉等面粉时使用。做Muffin和Scone时，低粉与泡打粉放在一起后再过筛，会使泡打粉混合的比较均匀。

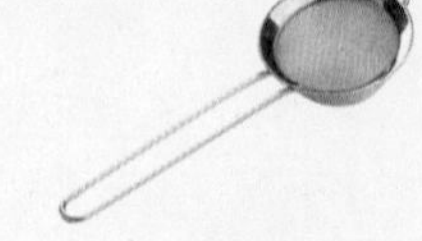

10.量勺

很重要的工具，尤其是在没有电子秤的情况下。用于称量酵母、泡打粉之类的少量粉末。容量分别为1大勺、1/2大勺、1小勺、1/2小勺、1/4小勺。

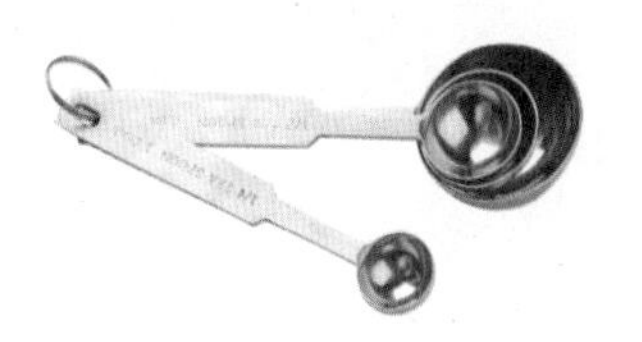

11.不锈钢盆

必备容器。建议至少要准备2个以上。比如制作戚风蛋糕时，蛋白蛋黄要分开打，所以要使用两个不锈钢盆。

12.挤花袋

有布的，也有塑料的，也可以用纸自己叠。挤花嘴有圆形、平口、星形、菊花等各种大小和形状，可以根据不同的花嘴形状来挤线条，挤星星，挤树叶等。

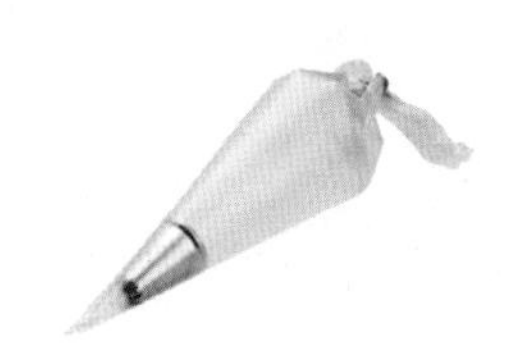

西点制作过程中一些常用技巧

1.蛋白要打得好一定要用干净的容器，最好是不锈钢的打蛋盆，容器中不能沾油，不能有水，蛋白中不能夹有蛋黄，否则就打不出好蛋白，蛋白要打到将打蛋盆倒置蛋白也不会流下的程度。在蛋白中加点塔塔粉或者白醋，比较利于蛋白的打发。

2.所有的粉类在使用前都应先用筛子过筛，将面粉置于筛网上，一手持筛网，一手在边上轻轻拍打使面粉由空中飘落入钢盆中。这不仅能避免面粉结块，同时也能使面粉与空气混合，增加蛋糕烘烤后的膨松感，这样可以让蛋糕烘焙后不会有粗糙的口感。

3.烤箱在烘烤前一定要先预热到所需的温度，如果是烤蛋糕，烘烤过程中绝对不能将烤箱打开，否则会影响蛋糕成品效果。刚烤好的蛋糕很容易破损，应轻轻取出放在平网上使其散热，一般的戚风蛋糕烤好后应立即倒扣于架上，这样可以防止蛋糕遇冷后塌陷，而且蛋糕的组织也会更松软，不会将蛋糕给闷湿了。

4.烘烤饼干时，饼干的厚薄大小都应一致，烤出来的颜色才会漂亮。刚做好的饼干面团会较软，可先冰硬再拿来制作、烘焙。烤饼干的时候一次只烤一盘，若是饼干上色不够均匀，可将烤盘掉头继续烘烤，如果要烤第二盘饼干，要等烤盘凉凉后再将生饼干放入，因为烤盘太热会破坏糕点的造型。饼干烤好后要将其凉凉定型后才能取下。制作西点时若想让西点表面的颜色亮丽金黄可在表面刷上蛋汁。

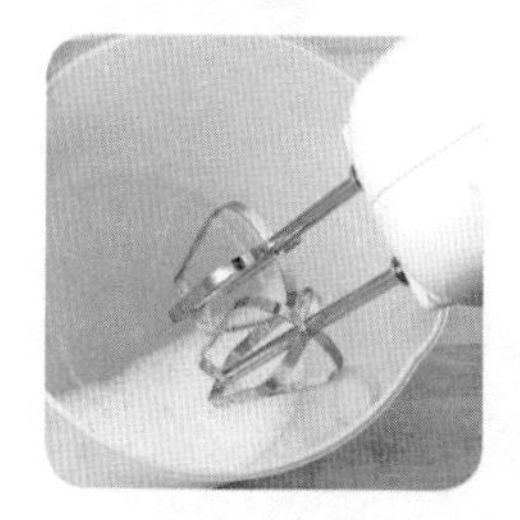

桃仁干酪面包

材 料

高筋面粉500克，核桃仁150克，鸡蛋60克；白糖、黄油、盐、发酵粉、麦芽浆各适量。

做 法

1 将核桃仁放入烤箱烤熟。

2 将除黄油和核桃仁外的其他材料、调料投入调粉机内，低速搅拌4分钟，再中低速搅拌3分钟；加入黄油后搅拌4分钟，加入核桃仁混匀制成面团。

3 面团在室温下发酵60分钟，加入适量面粉轻轻揉匀，继续发酵30分钟后分割成每块50克的小面团，搓圆后静置30分钟。

4 将面团压成圆面片摆入烤盘，在温度28℃条件下，发酵70分钟，然后将面包坯放入烤盘，表面刷一层黄油，在235℃的烤箱中烘烤18分钟即可。

粟米苹果包

材 料

高筋面粉400克，玉米粉100克，甘蔗汁100毫升，苹果150克；白糖、蜂蜜、发酵粉、泡打粉、白油、糖粉各适量。

做 法

1 苹果用榨汁机搅拌成泥，将果汁从果泥中分离出来，果泥与蜂蜜、白糖搅成苹果馅。
2 把面粉、白糖、发酵粉、泡打粉、玉米粉拌匀，加入甘蔗汁、苹果汁和成面团，加入白油搅拌成光滑的面团。
3 将面团制成小剂子，擀薄，裹入苹果馅，揉成面包坯子，放入发酵箱饧30分钟。
4 在苹果包表面刷一层黄油，放入170℃烤箱中烘烤30分钟，取出，撒上糖粉装饰即可。

贴心小提示 Intimate tips

苹果很容易氧化变色，所以制作苹果包时，苹果馅料应该随做随用，和好面等待发酵的时候再做苹果馅料会比较好。

肉松霍夫面包

材 料

肉松200克，火腿、香葱各50克，高筋面粉400克，白芝麻适量；白糖、盐、发酵粉、蛋液各适量。

做 法

1 在高筋面粉、白糖、盐、发酵粉内加入适量清水，揉成光滑的面团，体积饧发至2倍大，压扁排气。
2 火腿切丁；香葱洗净，切丁备用。
3 将面团擀成长圆形，刷上一层蛋液，铺上肉松，从下至上卷起，卷成长条形，再刷上一层蛋液，撒上火腿丁、香葱和芝麻。
4 将做好的面包生坯放入烤盘中静置50分钟。
5 烤箱预热190℃，将饧好的面包生坯放入烤箱烤40分钟，自然凉凉即可。

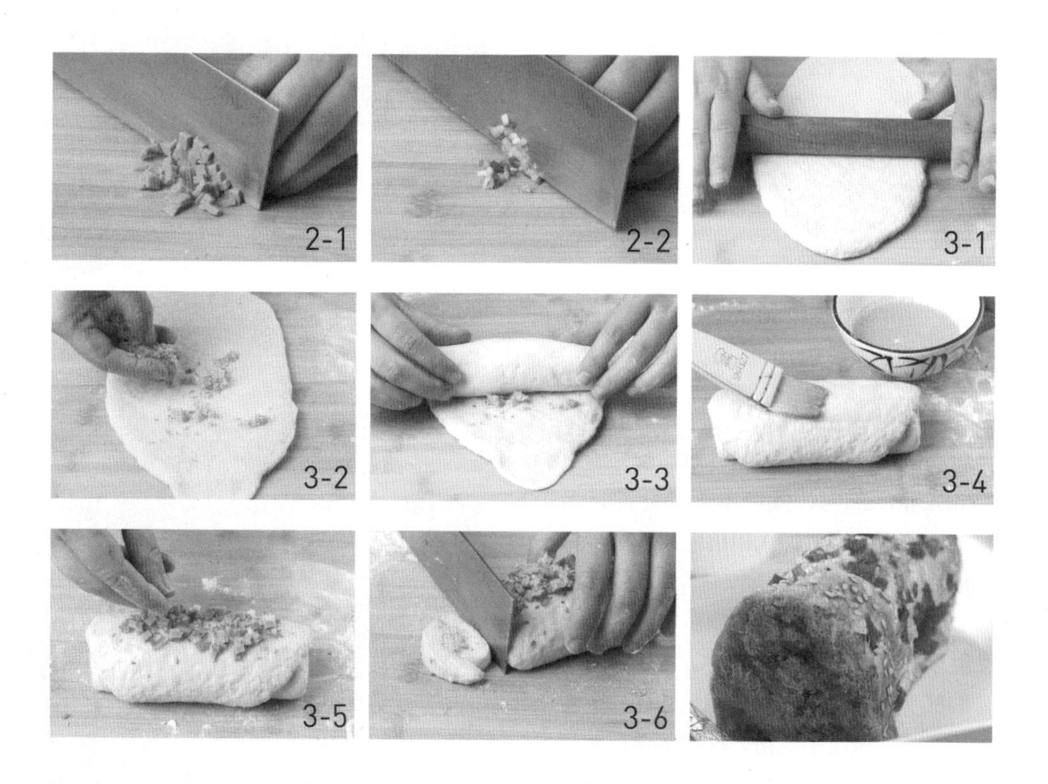

红茶面包

材 料

高筋面粉450克，低筋面粉50克，牛奶250毫升，蛋黄5个，红茶250毫升；黄油50克，白糖、盐、发酵粉各适量。

做 法

1 将除黄油外其他材料和调料放入调粉机内，低速搅拌3分钟，再中速搅拌2分钟后转高速搅拌1分钟；放入黄油，低速搅拌3分钟，转中速搅拌2分钟，再高速搅拌1分钟。

2 面团在30℃温度下发酵90分钟后加入面粉揉匀，再发酵30分钟，分割成80克的橄榄形面包生坯，静置30分钟。

3 面包生坯放入模具内，36℃温度下发酵60分钟，表面沿纵向切口，放入烤箱内以225℃烘烤12分钟，撒上白糖即可。

葡萄干桃仁面包

材 料

小麦粉、黑麦粉各250克，核桃仁、葡萄干各70克；发酵粉10克、盐15克。

做 法

1 将小麦粉、黑麦粉、盐、发酵粉和清水放入调粉机内，低速搅拌15分钟，当搅拌接近结束时加入核桃仁和葡萄干，混合均匀，制成面团，面团的温度为22℃。

2 面团在室温下发酵30分钟，然后分成每块80克的小面团，制成面包生坯，定型后在表面滚上小麦粉，摆放在硬布上，再次在室温下发酵1小时。

3 发酵后，在面包生坯表面切出网格，在220℃的烤箱中烘烤15分钟即可。

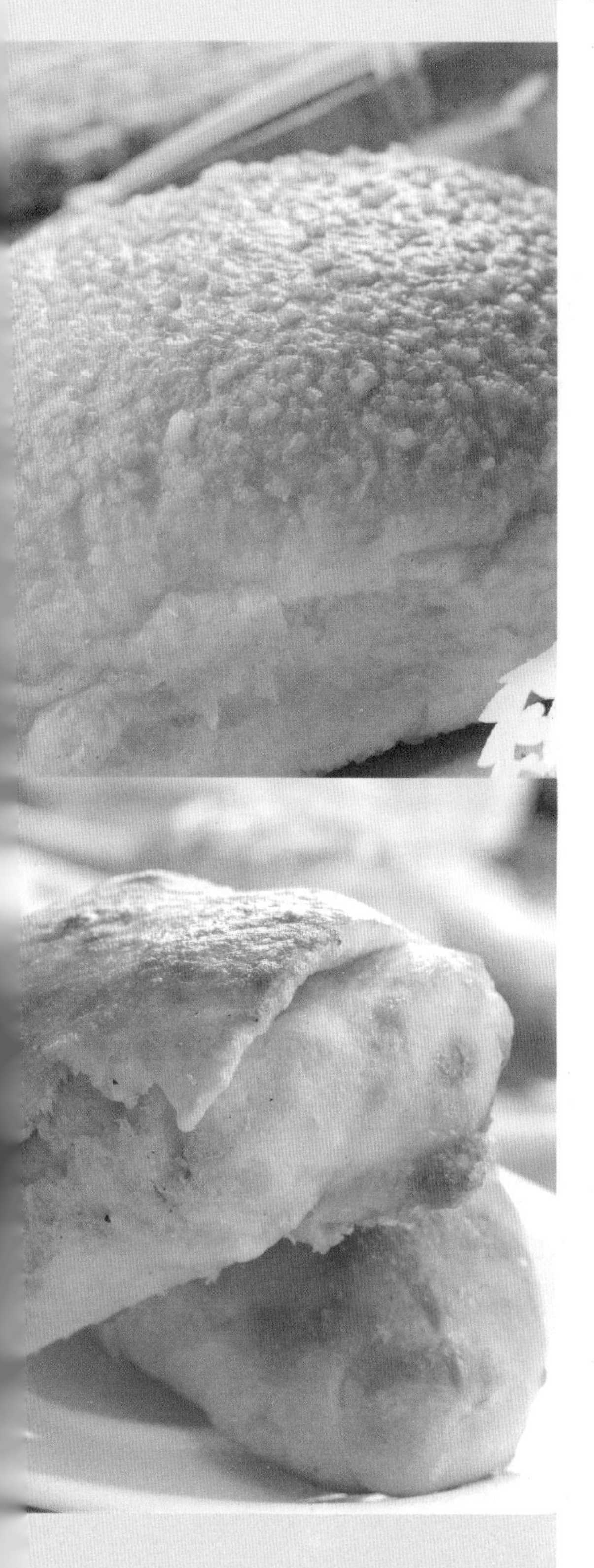

土豆面包

材 料

高筋面粉500克，土豆225克；橄榄油、发酵粉、白糖、盐各适量。

做 法

1 土豆洗净，煮熟后去皮，切成1厘米见方的小块。
2 高筋面粉与发酵粉、白糖、盐混合均匀并且过筛，加入土豆块混合，然后加入清水，揉成面团。
3 面团在温度30℃条件下发酵40分钟，分割成块。
4 将面块揉成土豆形状后，放入烤盘中，放在温度33℃环境下发酵40分钟，表面撒上高筋面粉，使用带针的面棒在两侧开小孔，再刷上橄榄油，放入220℃的烤箱中烘烤25分钟即可。

香草全麦面包

材 料

高筋面粉350克，全麦粉150克；发酵粉10克，盐、香草、巴马干酪各适量。

做 法

1 将除香草、干酪外的全部材料投入调粉机内，低速搅拌3分钟后转中速搅拌3分钟，再高速搅拌4分钟，制成面团。
2 面团放在30℃环境下发酵60分钟，分割成小块，将面团沿四角方向拉抻成面片，撒上切碎的香草和干酪，并卷成长条形。
3 将面包生坯放在温度40℃环境下发酵30分钟，然后再放入260℃的烤箱中烘烤10分钟即可。

材 料

甜面包面团500克，鸡蛋200克；白糖100克，糖粉、植物油各适量。

自制面包圈

贴心小提示
Intimate tips

本款面包在装饰上不用太过拘泥，糖粉可以不放，也可以换成喜欢的果酱或是巧克力酱来改变口味，更换花样。

做 法

1 甜面包面团加适量水、白糖、鸡蛋和匀，盖上湿布，静置发酵，待面团发起后，视表面有塌陷现象时即可。

2 将坯料制成10个剂子，分别搓成两头稍细的条，弯成圆圈（两头接在一起粘牢），摆入刷好植物油的烤盘，入饧箱饧透，取出刷上蛋液，进200℃烤箱烤熟，出炉后趁热撒上一层糖粉即可。

乡村牛奶面包

材 料

甜面包面团500克，牛奶蛋黄酱15克，罐装柑橘3瓣，鸡蛋液适量；糖粉2克。

做 法

1 将甜面包面团分割成每个50克的剂子，搓圆后静置20分钟。
2 将部分面团压平，用模具将面片切成直径6厘米的圆形，剩余的面团搓成长条，做成环状，摆放在圆形面片上。在圆形面片上3处挤入牛奶蛋黄酱，再在其间分别摆放3瓣罐装柑橘。
3 在温度32℃条件下发酵30分钟。
4 入烤箱前涂上蛋液，烘烤8分钟，烤好后撒上糖粉即可。

桃仁红枣面包

材 料

高筋面粉1000克，红枣500克，黑麦粉100克，发酵面团、鸡蛋液各200克，核桃仁350克；发酵粉10克，肉桂粉5克，蜂蜜60克，黄油200克，白糖100克，盐、杏仁片各适量。

做 法

1 红枣去核，切碎，加白糖和黄油，蒸软后冷藏1夜。
2 将高筋面粉、黑麦粉、发酵面团、黄油、发酵粉、鸡蛋液、水、蜂蜜、盐放入调粉机中，低速搅拌10分钟，高速搅拌1分钟，加入肉桂粉、红枣、核桃仁，再低速搅拌3分钟，制成面团。
3 面团发酵1小时后切成块，在温度30℃条件下发酵40分钟，表面涂上蛋液，放上杏仁片，再撒上白糖和肉桂粉，放入220℃的烤箱中烘烤12分钟即可。

芝士面包

材 料

高筋面粉300克，鸡蛋5个，火腿肠适量；白糖、发酵粉、盐、香精、芝士碎各适量。

做 法

1 将鸡蛋打散，与面粉、白糖、发酵粉、盐、香精及清水一同放入调粉机中搅拌成面团。
2 将搅好的面团取出，放在砧板上反复揉搓至坚韧有弹性，再切成小剂子，揉成小面团，每个面团裹一根火腿肠。
3 将面包生坯放入烤盘内，撒上芝士碎，放入烤箱内用200℃烤20分钟即可。

杏仁酥圈

材 料

杏仁550克，奶油500克，低筋面粉750克，牛奶500毫升；糖粉500克，香草粉、植物油各适量。

做 法

1 杏仁切碎，与奶油、糖粉一起倒入搅拌缸内搅拌，边搅边加入牛奶、低筋面粉、香草粉搅至均匀，即成杏仁面糊，然后装入裱花的袋中。
2 烤盘刷油，将杏仁面糊逐一挤在烤盘上成圆圈状生坯，置入温度为160℃的烤箱中，烘烤约12分钟即可。

贴心小提示
Intimate tips

杏仁含有丰富的不饱和脂肪酸、多种维生素和钙、铁等矿物质，营养价值较高。

花生面包

材 料

甜面包面团600克，熟花生仁150克；绵白糖100克，奶油80克，花生酱50克。

做 法

1 熟花生仁压碎，与绵白糖、奶油、花生酱一起搅拌均匀，制成花生酱馅。

2 甜面包面团分揪成剂子，逐个滚圆，静置10分钟，分别包入花生酱馅，搓成椭圆形，表面刻出花纹，卷起，38℃温度下发酵90分钟，放入烤箱中，以200℃烘烤15分钟即可。

热狗小面包

材 料

发好的大面包坯料500克，面粉1000克，鸡蛋400克，香肠10根；白糖250克，黄油150克，香草粉、植物油各适量。

做 法

1 用水将大面包坯料泡开，加白糖、黄油、鸡蛋、香草粉、面粉和匀揉透，盖上湿布，静置发酵，视面团发起至表面有塌陷现象时，轻揉几下以补充新鲜空气，再次发起即成小面包坯料。

2 将坯料切成小剂子，揉匀后卷入香肠制成椭圆形热狗小面包生坯，接口向下，摆入刷过油的烤盘内，入饧箱发透，取出，刷上蛋液，放入200℃烤箱内烤约10分钟即可。

绝对芋香包

材　料

高筋面粉500克，牛奶100毫升，香芋泥75克；白糖、泡打粉、发酵粉各适量。

做　法

1 面粉加入牛奶、白糖、泡打粉、发酵粉一起搅拌均匀。

2 将面团做成6个剂子，搓成长条状，再扭成麻花形，用刀在坯子上规律地划上深度相等的数刀，用35℃的温度、70%的湿度发酵约30分钟。

3 发酵后，在划开的刀口内抹上香芋泥；烤箱以200℃预热5分钟。

4 将面包坯放入烤箱内，以170℃烤20分钟即可。

贴心小提示
Intimate tips

香芋营养丰富，能增强人体的免疫力，增加对疾病的抵抗能力，长期食用能滋补身体。

葡萄蛋糕

材 料

鸡蛋600克，低筋面粉500克，奶粉50克，葡萄干300克；奶油560克，白糖460克，泡打粉5克。

做 法

1 奶油、白糖一起倒入搅拌缸搅至膨松，打入鸡蛋继续搅至膨松，拌入低筋面粉、奶粉、泡打粉，再拌入葡萄干即成蛋糕糊。

2 将蛋糕糊倒入长方形模具中，置入温度为上火180℃、下火150℃的烤箱中，烘烤约50分钟，取出凉凉后切片即可。

胡萝卜蛋糕

材 料

蛋液250毫升，低筋面粉500克，胡萝卜200克，柠檬皮1个；奶油520克，杏仁粉150克，白糖460克，香草香精适量，泡打粉5克。

做 法

1 胡萝卜、柠檬皮分别洗净，切成丝。

2 奶油、白糖、香草香精、蛋液一起倒入搅拌缸搅至膨松，加入低筋面粉、泡打粉、杏仁粉，再拌入胡萝卜丝、柠檬丝，制成蛋糕糊。

3 将蛋糕糊倒入圆形模具中，置入温度为上火180℃、下火150℃的烤箱中，烘烤约50分钟，凉凉脱模即可。

草莓蛋糕

材 料

鸡蛋650克，低筋面粉260克，草莓250克；盐、植物油、泡打粉、塔塔粉各适量，白糖200克。

做 法

1 将鸡蛋的蛋黄、蛋清分开；取60克白糖与蛋黄一起搅打至淡黄色，加入草莓、植物油慢速打匀，再加入泡打粉、低筋面粉、盐拌匀成蛋黄糊。

2 蛋清、塔塔粉倒入搅拌缸内搅打至七成发泡，加入140克白糖继续搅打至八成发泡，即成蛋清糊。

3 将蛋黄糊、蛋清糊拌匀即成草莓蛋糕糊，倒入圆形模具中，置入烤箱中烘烤熟，取出切成块即可。

贴心小提示
Intimate tips

搅拌蛋糕面糊的动作要轻，速度要快，同时不要顺时针画圈，而要用抽底翻拌的方式，如此操作都是为了避免面粉起劲出筋，影响蛋糕松软和轻盈的口感。

•Dessert•

红糖养生蛋糕

材 料

红枣50克，桂圆40克，鸡蛋2个，低筋面粉180克；黄油、盐、奶油、红糖各适量。

做 法

1 红枣、桂圆分别去核，取肉，混合切碎；低筋面粉加盐搅匀。
2 黄油在室温下放2小时，加红糖搅匀，分次加入鸡蛋液打匀，再分2次加入奶油打匀。
3 加入筛好的面粉，快速轻轻搅拌均匀，再倒入红枣桂圆碎，快速轻轻搅拌均匀。
4 将蛋糕糊倒入蛋糕模型内，抹平表面，放入烤箱以180℃烤45分钟，取出凉凉即可。

肉松蛋糕

材 料

低筋面粉150克，鸡蛋4个，肉松100克，牛奶60毫升；白糖、调和油、泡打粉、香草粉、塔塔粉、盐、沙拉酱各适量。

做 法

1 将鸡蛋的蛋清、蛋黄分离；蛋黄搅散，加入白糖、牛奶、调和油拌至溶化。
2 筛入低筋面粉、香草粉、泡打粉，搅匀。
3 蛋清里加入塔塔粉、盐，用打蛋器打发至起泡，分次加入白糖，续打蛋清至干性发泡。
4 取1/3打发的蛋清放入面糊里拌匀，再将剩下的蛋白倒入面糊中混合拌匀。
5 将面糊倒入烤盘抹平，铺上肉松，放入烤箱以170℃烤25分钟，取出抹上沙拉酱，将蛋糕卷成卷固定几分钟，切片食用即可。

酸奶鲜果蛋糕

材 料

原味酸奶、蓝莓酱各1罐，猕猴桃3片，红樱桃4颗，鸡蛋2个，面粉、玉米粉、牛奶各适量；白糖、鲜奶油、柠檬汁各适量。

做 法

1 红樱桃洗净；将白糖放入容器中，打进2个鸡蛋搅拌至白糖完全溶化。打散的鸡蛋中加入面粉、玉米粉，用筷子搅拌成面糊。
2 取一小部分的面糊，加入一半鲜奶油和牛奶拌匀，再加入剩下的面糊，充分搅拌均匀后加入柠檬汁拌匀，倒入模具中，以隔水加热的方式，用微波高火加热15分钟。
3 将蛋糕涂上奶油放入器皿中，然后将剩余的鲜奶油、牛奶和蓝莓酱、原味酸奶、猕猴桃片、红樱桃装饰在蛋糕上即可。

布朗尼蛋糕

材 料

鸡蛋3个，巧克力100克，低筋面粉150克，可可粉30克，核桃仁碎70克；无盐奶油、白糖、盐各适量。

做 法

1 将奶油加白糖、盐混合，打发至乳白色，再分三次加入鸡蛋液拌匀。
2 巧克力切小块，隔水加热至融化。
3 将融化的巧克力凉凉，加入拌好的奶油中拌匀。
4 将低筋面粉、可可粉过筛，加入巧克力奶油中，轻轻拌匀。
5 在模具中铺好油纸，倒入面糊，抹平表面，撒上核桃仁碎，放入烤箱以170℃烤30～35分钟，取出凉凉，切块即可。

香橙海绵小蛋糕

材 料

鸡蛋4个，低筋面粉150克，橙子1个，橙皮适量；白糖30克，盐、白芝麻、玉米油各适量。

做 法

1 橙皮洗净，擦成蓉；橙子洗净，去皮、籽，榨汁。低筋面粉过筛，加盐、白糖，边加边搅动。
2 将鸡蛋隔水边加热边搅动，待加热至40℃左右时离火，用打蛋器打发，加入搅好的低筋面粉拌匀成面糊。
3 取1/3面糊放入盛有玉米油的容器中拌匀，倒入其余的面糊拌匀，加入橙皮蓉、橙汁拌匀。装入模具中，撒上白芝麻，放入烤箱烤15分钟即可。

火腿沙拉三明治

材　料

面包片3片，鸡蛋2个，番茄1个，方形火腿片、生菜叶各适量；沙拉酱、盐各适量。

做　法

1 取一片面包片，用杯子做模型将面包片压成中空。
2 用盐水洗净生菜叶；番茄洗净，切片备用。
3 打开微波炉用高火预热3分钟，放1片面包，再放上一片中空的面包片，将鸡蛋打入中空处，盖上一片火腿，再用一片面包片覆盖，用高火正反面各加热40秒取出。
4 掀开最上面的面包片，加上生菜叶、番茄片、沙拉酱，对角切成三角形即可。

贴心小提示
Intimate tips

三明治的食材可以根据喜好自由搭配。沙拉酱也可根据口味喜好换成千岛酱或其他酱料。

夹心饼干

材 料

面粉500克，鸡蛋2个；糖粉400克，饴糖100克，植物油50克，猪油100克，小苏打粉、氨粉、香精各适量。

做 法

1 将面粉过筛倒在面案上，中间开个窝，加入糖粉250克、小苏打粉、氨粉、香精、植物油、饴糖、鸡蛋和清水，用手搅匀乳化后，将面粉和成面团。

2 将面团擀成约0.3厘米厚的大片，用模子按成饼干坯，放入烤箱烤熟后取出；把150克糖粉加猪油搅匀，涂在烤熟的饼干底面上，取两块饼干粘在一起即可。

贴心小提示
Intimate tips

在烤饼干的时候，一定要在旁边照看，宁可饼干烤不熟也不要烤煳。烤好的饼干开始是不脆的，凉凉之后自然就会变得松脆可口。

港式蛋挞

材料

中筋面粉500克，鸡蛋液550毫升，粟粉15克，牛奶500毫升；奶油275克，白糖450克，吉士粉20克，泡打粉4克。

做法

1 中筋面粉、泡打粉混匀倒在砧板上，中间开个窝，放入奶油、400克白糖，加入100毫升鸡蛋液拌匀成面团，静置20分钟。
2 牛奶加清水、白糖煮沸成甜牛奶；余下蛋液与甜牛奶、粟粉、吉士粉搅匀成蛋奶糖水。
3 将每份面团放入模具中捏成蛋挞坯，舀入蛋奶糖水，放入温度为上火160℃、下火180℃的烤箱中，烘烤至熟即可。

菠菜比萨饼

材 料

高筋面粉500克，鸡蛋1个，洋葱丝、牛肉末、焯好的菠菜段、蛋液各适量；胡椒粉、植物油、发酵粉、盐、番茄酱各适量。

做 法

1 牛肉末用盐、胡椒粉调味，倒入油锅炒熟。

2 将高筋面粉、盐放入调粉机内，倒入发酵粉，制成面团，发酵后切成块，擀成长方形面片，放上洋葱丝、牛肉末、菠菜段，将面片两边封严，并分别从上下两边向中间折叠，面片的中央部分不要封严，留出适当的开口。

3 面坯放入300℃烤箱内，烘烤3分钟，取出在中央部分开口处打入生鸡蛋1个，再烤3分钟，取出涂上番茄酱即可。

火腿比萨

材 料

面粉1000克，番茄800克，洋葱碎、大蒜碎、紫苏、火腿各适量；番茄酱100克，奶酪、盐、百里香、植物油各适量。

做 法

1 面粉中加入盐、植物油、清水和成面团，饧透后，切成剂子，擀薄，制成圆形生坯。

2 火腿切丁；番茄洗净，去皮剁碎；锅中加植物油烧热，将洋葱碎、大蒜碎炒香，加入番茄碎、番茄酱、百里香、紫苏，加盐调味，炒熟成酱料。

3 将面饼生坯抹上酱料，撒上火腿丁和奶酪，烤熟即可。

牛肉情怀汉堡

材 料

牛排肉200克，汉堡坯1个，洋葱1/2个，酸黄瓜末5克，生菜叶1片；植物油、黑胡椒、白酒、沙拉酱、盐各适量。

做 法

1 洋葱洗净，切成圈；生菜叶洗净；汉堡坯切成上下两半备用。
2 牛排肉加盐、白酒略微拍打后，在表面用叉子叉几个洞，把黑胡椒均匀地撒在牛排肉上。
3 油锅烧热，放入牛排肉煎至三四成熟，放入烤箱以160℃烤至全熟。
4 在半个汉堡坯上放入生菜叶、洋葱圈、牛排、酸黄瓜末和沙拉酱，盖上另一半面包即可。

贴心小提示
Intimate tips

汉堡里所搭配的食物可依据自己喜好而定，喜欢沙拉酱的也可以挤上一些。

每天不重样，你好早餐！

策划编辑：张雅文

美术统筹：吴金周

图片拍摄：范姝岑　肖　亮

面点制作：王晓丽　李　娟　任嫒嫒　刘　颖

图片提供：北京全景视觉网络科技有限公司

达志影像

华盖创意图像技术有限公司

上海富昱特图像技术有限公司